智能光电制造技术及应用系列教材

■ 教育部新工科研究与实践项目
■ 财政部文化产业发展专项资金资助项目

激光切割
CAM软件教程

肖　罡　田社斌　杨　文 / 编著

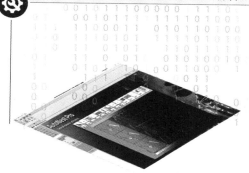

湖南大学出版社

·长沙·

内 容 简 介

本书针对 cncKad 软件的编程流程及切割工艺的优化功能进行讲解，共分成三大部分：激光切割 CAM 软件、激光切割软件（cncKad）编程、激光切割软件（cncKad）实训。本书通过图文形式，对 CAM 软件操作操作过程和注意事项进行全面讲解，使读者能循序渐进地掌握 CAM 软件的操作，并让读者能进行实际的上手操作。

本书可作为全国应用型本科及中、高等职业院校相关专业的教材，也可作为激光切割设备操作人员的培训教材。

图书在版编目（CIP）数据

激光切割 CAM 软件教程/肖罡，田社斌，杨文编著. —长沙：湖南大学出版社，2022.10

智能光电制造技术及应用系列教材

ISBN 978-7-5667-2549-3

Ⅰ．①激…　Ⅱ．①肖…　②田…　③杨…　Ⅲ．①激光切割—计算机辅助设计—AutoCAD 软件—教材　Ⅳ．①TG485-39

中国版本图书馆 CIP 数据核字（2022）第 110991 号

激光切割 CAM 软件教程

JIGUANG QIEGE CAM RUANJIAN JIAOCHENG

编　　著：	肖　罡　田社斌　杨　文
策划编辑：	卢　宇
责任编辑：	黄　旺
印　　装：	长沙市宏发印刷有限公司
开　　本：	787 mm×1092 mm　1/16　　印　张：12.5　字　数：267 千字
版　　次：	2022 年 10 月第 1 版　　印　次：2022 年 10 月第 1 次印刷
书　　号：	ISBN 978-7-5667-2549-3
定　　价：	60.00 元

出 版 人：李文邦
出版发行：湖南大学出版社
社　　址：湖南·长沙·岳麓山　　邮　编：410082
电　　话：0731-88821006（营销部），88820006（编辑室），88821006（出版部）
传　　真：0731-88822264（总编室）
网　　址：http://www.hnupress.com
电子邮箱：274398748@qq.com

系列教材指导委员会

杨旭静　张庆茂　朱　晓　张　璧　林学春

系列教材编委会

主 任 委 员：高云峰
总 主 编：陈　焱　胡　瑞
总 主 审：陈根余
副主任委员：张　屹　肖　罡　周桂兵　田社斌　蔡建平
编委会成员：杨钦文　邓朝晖　莫富灏　赵　剑　张　雷
　　　　　　刘旭飞　谢　健　刘小兰　万可谦　罗　伟
　　　　　　杨　文　罗竹辉　段继承　陈　庆　钱昌宇
　　　　　　陈杨华　高　原　曾　媛　许建波　曾　敏
　　　　　　罗忠陆　邱婷婷　陈飞林　郭晓辉　何　湘
　　　　　　王　剑　封雪霁　李　俊　何纯贤

参编单位

大族激光科技产业集团股份有限公司　　大族激光智能装备集团有限公司
湖南大族智能装备有限公司　　　　　　江西科骏实业有限公司
湖南大学　　　　　　　　　　　　　　湖南科技大学
江西应用科技学院　　　　　　　　　　湖南铁道职业技术学院
湖南科技职业学院　　　　　　　　　　娄底职业技术学院

总　序

激光加工技术是 20 世纪能够与原子能、半导体及计算机齐名的四项重大发明之一。激光也被称为世界上最亮的光、最准的尺、最快的刀。经过几十年的发展，激光加工技术已经走进工业生产的各个领域，广泛应用于航空航天、电子电气、汽车、机械制造、能源、冶金、生命科学等行业。如今，激光加工技术已成为先进制造领域的典型代表，正引领着新一轮工业技术革命。

国务院印发的《中国制造 2025》重要文件中，战略性地描绘了我国制造业转型升级，即由初级、低端迈向中高端的发展规划，将智能制造领域作为转型的主攻方向，重点推进制造过程的智能化升级。激光加工技术独具优势，将在这一国家层面的战略性转型升级换代过程中扮演无可比拟的关键角色，是提升我国制造业创新能力、打造从中国制造迈向中国创造的重要支撑型技术力量。借助激光加工技术能显著缩短创新产品研发周期，降低创新产品研发成本，简化创新产品制作流程，提高产品质量与性能；能加工出传统工艺无法加工的零部件，增强工艺实现能力；能有效提高难加工材料的可加工性，拓展工程应用领域。激光加工技术是一种变革传统制造模式的绿色制造新模式、高效制造新体系。其与自动化、信息化、智能化等新兴科技的深度融合，将有望颠覆性变革传统制造业，但这也给现行专业人才培养、培训带来了全新的挑战。

作为国家首批智能试点示范单位、工信部智能制造新模式应用项目建设单位、激光行业龙头企业，大族激光智能装备集团有限公司（大族激光科技产业集团股份有限公司全资子公司）积极响应国家"大力发展职业教育，加强校企合作，促进产教融合"的号召，为培养激光行业高水平应用型技能人才，联合国内多家知名高校，共同编写了智能光电制造技术及应用系列教材（包含"增材制造""激光切割""激光焊接"三个子系列）。系列教材的编写，是根据职业教育的特点，以项目教学、情景教学、模块化教学相结合的方式，分别介绍了增材制造、激光切割、激光焊接的原理、工艺、设备维护与保养等相关基础知识，并详细介绍了各应用领域典型案例，呈现了各类别激光加工过程的全套标准化工艺流程。教学案例内容主要来源于企业实际生产过程中长期积累的技术经验及成果，相信对读者学习和掌握激光加工技术及工艺有所助益。

　　系列教材的指导委员会成员分别来自教育部高等学校机械类专业教学指导委员会、中国光学学会激光加工专业委员会，编著团队中既有企业一线工程师，也有来自知名高校和职业院校的教学团队。系列教材在编写过程中将新技术、新工艺、新规范、典型生产案例悉数纳入教学内容，充分体现了理论与实践相结合的教学理念，是突出发展职业教育，加强校企合作，促进产教融合，迭代新兴信息技术与职业教育教学深度融合创新模式的有益尝试。

　　智能化控制方法及系统的完善给光电制造技术赋予了智慧的灵魂。在未来十年的时间里，激光加工技术将有望迎来新一轮的高速发展，并大放异彩。期待智能光电制造技术及应用系列教材的出版为切实增强职业教育适应性，加快构建现代职业教育体系，建设技能型社会，弘扬工匠精神，培养更多高素质技术技能人才、能工巧匠、大国工匠助力，为全面建设社会主义现代化国家提供有力人才保障和技能支撑树立一个可借鉴、可推广、可复制的好样板。

大族激光科技产业集团
股份有限公司董事长

2021 年 11 月

前　言

早在 2006 年，激光行业就被列为国家长期重点支持和发展的产业。伴随激光的发展及应用拓展，国家陆续出台规划政策给予支持。2011 年，激光加工技术及设备被列为当前应优先发展的 21 项先进制造高技术产业化重点领域之一；2014 年，激光相关设备技术再次被列入国家高技术研究发展计划；2016 年，国务院印发的《"十三五"国家科技创新规划》《"十三五"国家战略性新兴产业发展规划》等规划均涉及激光技术的提高与发展；2020 年，科技部、国家发改委等五部门发布《加强"从 0 到 1"基础研究工作方案》，将激光制造列入重大领域，要求推动关键核心技术突破，并提出加强基础研究人才培养。

在美、日、德等国家，激光技术在制造业的应用占比均超过 40%，该占比在我国是 30%左右。在工业生产中，激光切割占激光加工的比例在 70%以上，是激光加工行业中最重要的一项应用技术。激光切割是利用光学系统聚焦的高功率密度激光束照射在被加工工件上，使得局部材料迅速熔化或汽化，同时借助与光束同轴的高速气流将熔融物质吹除，配合激光束与被加工材料的相对运动来实现对工件进行切割的技术。激光切割技术可将批量化加工的稳定高效与定制化加工的个性服务完美融合，摆脱成型模具的成本束缚，替代传统冲切加工方法，可在大幅缩短生产周期、降低制造成本的同时，确保加工稳定性，兼顾不同批量的多样化生产需求。结合上述优势，激光切割技术应用推广迅速，已成为推动智能光电制造技术及应用发展的至关重要的动力。

新修订的《中华人民共和国职业教育法》于 2022 年 5 月 1 日起施行，这是该法自 1996 年颁布施行以来的首次大修。职业教育法的此次修订，充分体现了国家对职业教育的愈发重视，再次明确了"鼓励企业举办高质量职业教育"的指导思想。在教育部新工科研究与实践项目、财政部文化产业发展专项资金资助项目的支持下，大族激光科技产业集团股份有限公司策划牵头，积极响应国家大力发展职业教育的政策指引，结合激光行业发展，组织编写了智能光电制造技术及应用系列教材。其中，系列教材编委会根据"激光切割"全工艺流程及企业实际应用要求编写了"激光切割"子系列教材共 4 本，即《激光切割设备操作与维护手册》《激光切割 CAM 软件教程》《激光切割技术及工艺》《激光切割技术实训指导》。本系列教材具有以下特点：

（1）在设置理论知识讲解的同时，对设备或软件按照实际操作流程进行讲解，既做到常用特色重点介绍，也做到流程步骤全面覆盖。

（2）在对激光切割全流程操作步骤、方法等进行详解的基础上，注重读者对激光切割工艺认知的培养，使读者知其然并知其所以然。

（3）采用"部分→项目→任务"的编写格式，加入实操配图进行详解，使相关内容直观易懂，还可以强化课堂效果，培养学生兴趣，提升授课质量。

　　本书由肖罡、田社斌、杨文编著，陈飞林、仪传明、郭晓辉、邱婷婷、戴璐祎、李朝晖、何湘桂也为本书的出版作出了贡献。本书是激光切割 CAM 软件编程教程，软件编程是激光切割的核心内容，即激光切割前必须在 CAM 软件内完成对零件工艺的编程，否则切割设备将无法按照图纸的设计对工件进行加工。本书针对 cncKad 软件的编程流程及切割工艺的优化功能进行讲解，共分成三大部分：激光切割 CAM 软件、激光切割软件（cncKad）编程、激光切割软件（cncKad）实训。本书内容结构安排：第一部分介绍国内外几款常用的激光切割 CAM 软件，并讲解了相关的激光切割基础知识；第二部分以激光切割 CAM 软件中的一款 cncKad 展开教学，首先介绍软件的安装环境要求及安装卸载方法，然后结合激光切割的工艺编程流程，对 cncKad 软件的功能按照 CAD 图形编辑功能、加工路径处理功能、加工路径优化功能、拓展功能这四个方面来进行由总到分、由易到难的介绍。从软件功能操作的掌握深入到根据工艺要求的灵活调整，培养全方位的切割工艺编程人才。第三部分通过真实的激光加工实例分析，引导学生按照任务分析、任务目标和任务实施的解读逻辑，针对不同实际工况进行灵活的工艺编程，实现更优的工艺加工流程。

　　在激光切割行业如此快速发展背景之下，软件操作技术等相关软实力只有做到齐头并进，才能为中国制造业的发展作出贡献。本书对软件操作讲解具体详尽，初学者可以按照书中步骤进行案例操作。书中的理论部分可使学习者在掌握技术的同时，对激光切割工艺有一定的认知。希望本书可以成为初学者的入门书籍，也希望可以成为技术人才继续攀登的一块基石。

　　本书在编写过程中得到了大族激光智能装备集团有限公司、湖南大族智能装备有限公司、江西科骏实业有限公司等企业，以及湖南大学、湖南科技大学、江西应用科技学院、湖南铁道职业技术学院等院校的大力支持，在此表示衷心感谢。

　　本书中所采用的图片、模型等素材，均为所属公司、网站或者个人所有，本书仅作说明之用，绝无侵权之意，特此声明。

　　由于作者水平有限，书中存在不妥及不完善之处在所难免，希望广大读者发现问题时给予批评与指正。

作　者

2022 年 4 月

目　次

第一部分　激光切割 CAM 软件

项目 1　激光切割 CAM 软件 ·· 002

任务 1　激光切割基础知识 ·· 002

任务 2　国内外 CAM 编程软件 ·· 003

任务 3　CAM 软件工艺流程 ··· 010

课后习题 ·· 011

第二部分　激光切割软件（cncKad）编程

项目 2　cncKad 软件基础知识 ·· 014

任务 1　安装与卸载 cncKad 软件 ·· 014

任务 2　软件的基本功能 ··· 026

课后习题 ·· 031

项目 3　切割工艺编程流程 ·· 032

任务 1　软件编程流程 ·· 032

任务 2　AutoNest 套料编程流程 ··· 034

任务 3　cncKad 路径处理流程 ·· 049

任务 4　手动排版流程 ·· 055

课后习题 ·· 059

项目 4　CAD 零件图编辑 ··· 060

任务 1　绘制零件图 ·· 060

任务 2　编辑零件图 ·· 065

任务 3　检查及实体平顺 ……………………………………………… 069

课后习题 …………………………………………………………………… 071

项目 5　加工路径处理 ………………………………………………… 072

任务 1　激光分层 …………………………………………………………… 072

任务 2　添加引线 …………………………………………………………… 077

任务 3　零件补偿 …………………………………………………………… 082

任务 4　激光打标 …………………………………………………………… 084

任务 5　添加剪切（手动切割） ……………………………………… 089

课后习题 …………………………………………………………………… 092

项目 6　加工路径优化 ………………………………………………… 093

任务 1　激光角处理 ……………………………………………………… 093

任务 2　添加微连接 ……………………………………………………… 099

任务 3　切割优化 …………………………………………………………… 108

任务 4　程序原点设置 …………………………………………………… 118

任务 5　共边切割 …………………………………………………………… 119

任务 6　激光喷膜/除锈和预穿孔 …………………………………… 125

任务 7　余料切割 …………………………………………………………… 127

课后习题 …………………………………………………………………… 134

项目 7　拓展功能 ……………………………………………………… 136

任务 1　软件基本设置 …………………………………………………… 136

任务 2　机型添加及设置 ………………………………………………… 139

任务 3　新建材质及厚度 ………………………………………………… 142

任务 4　修改材质及厚度 ………………………………………………… 146

任务 5　问题报告设置 …………………………………………………… 147

任务 6　加工报告设置 …………………………………………………… 150

课后习题 …………………………………………………………………… 155

第三部分 激光切割软件（cncKad）实训

项目 8 单个零件案例 ⋯⋯⋯⋯⋯⋯⋯⋯⋯⋯⋯⋯⋯⋯⋯⋯⋯⋯⋯ 158

任务 1 工艺品切割编程 ⋯⋯⋯⋯⋯⋯⋯⋯⋯⋯⋯⋯⋯⋯⋯⋯⋯⋯ 158

任务 2 普通工件切割编程 ⋯⋯⋯⋯⋯⋯⋯⋯⋯⋯⋯⋯⋯⋯⋯⋯⋯ 163

课后习题 ⋯⋯⋯⋯⋯⋯⋯⋯⋯⋯⋯⋯⋯⋯⋯⋯⋯⋯⋯⋯⋯⋯⋯⋯ 173

项目 9 批量排版案例 ⋯⋯⋯⋯⋯⋯⋯⋯⋯⋯⋯⋯⋯⋯⋯⋯⋯⋯⋯⋯ 175

任务 1 共边排版编程 ⋯⋯⋯⋯⋯⋯⋯⋯⋯⋯⋯⋯⋯⋯⋯⋯⋯⋯⋯ 175

课后习题 ⋯⋯⋯⋯⋯⋯⋯⋯⋯⋯⋯⋯⋯⋯⋯⋯⋯⋯⋯⋯⋯⋯⋯⋯ 183

参考答案 ⋯⋯⋯⋯⋯⋯⋯⋯⋯⋯⋯⋯⋯⋯⋯⋯⋯⋯⋯⋯⋯⋯⋯⋯⋯⋯ 184

参考文献 ⋯⋯⋯⋯⋯⋯⋯⋯⋯⋯⋯⋯⋯⋯⋯⋯⋯⋯⋯⋯⋯⋯⋯⋯⋯⋯ 188

第一部分

激光切割 CAM 软件

激光切割 CAM 软件

项目描述

激光切割 CAM 软件也叫作"套料软件"。激光切割 CAM 软件是用来将工件从图纸编译成机床可以识别的 NC（numerical control，数字控制）程序。国内外的很多种软件都可用作激光切割机的套料软件，比如 cncKad、Lantek、CypNest、Han's LaserNest 等。

一般激光切割 CAM 软件分为几个部分：绘图模块、校正模块、编程模块、套料模块、NC 输出模块。

激光切割 CAM 软件的大致编程流程是：

①用 CAD 等工业绘图软件绘制需要切割的零件图；

②将零件图保存为激光切割 CAM 软件能读取和编辑的格式，如 .dwg、.dxf 格式；

③利用激光切割 CAM 软件对导入的零件图进行处理；

④将处理过的零件图进行套料；

⑤将套料生成的排版输出为机床可识别的 NC 代码；

⑥将生成的 NC 代码发送至机床准备生产。

本项目通过对各类激光切割基础知识以及各款 CAM 软件的基本介绍，让学生对激光切割工艺以及激光切割编程软件有个整体的认识。

任务 1 激光切割基础知识

激光切割是一种成熟的工业加工技术，具有高度的灵活性，可直接从原料板材中切割出成品零件。激光切割是通过由聚焦镜聚焦的高功率、高能量密度的激光束照射于板材表面，用极高温度将板材熔化与汽化，再由与光束同轴的辅助气体将融化的材料吹除，并按照规划好的路径移动，此时就形成了割缝，从而达到对工件切割的目的。

激光切割可分为激光汽化切割、激光熔化切割、激光氧助熔化切割和控制断裂切割四种切割方式。激光切割与其他热切割方法相比较，总的特点是切割速度快、质量高。如图 1.1 所示，激光切割是一个非常精确的过程，具有出色的尺寸稳定性，非常小的热影响区和狭窄的切缝。激光切割切口细窄、切缝两边截面平行并且与表面垂直度好。切割表面光洁美观，甚至可以作为最后一道加工工序，无需机械加工，零件可直接使用。材料经过激光切割后，热影响区宽度很小，切缝附近材料的性能也几乎不受影响，并且工件变形小，切割精度高。激光切割的切割速度快，采用非接触式切割，切割时喷嘴与工件无接触，不存在工具磨损。

在机械加工行业中，数控加工编程技术的应用影响着数控加工的效率和质量，对信息时代下的机械制造技术的水平具有十分重要的影响。激光切割 CAM 软件作为激光切割的重要组成部分，其编程技术水平直接影响着机械零件和产品的加工精度及加工效率。将激光切割 CAM 软件编程技术应用于激光切割行业中，能够通过相应的计算和分

图 1.1　激光切割

析，不断改善机械零件的加工工艺，减小工件的加工误差，提高机械加工精度，生产出更高质量的机械加工产品。同时，针对一些复杂的工件，激光切割 CAM 软件能自动编程，导出 NC 程序，省去繁杂的手动编程，既满足了精度，又提升了效率。

国务院于 2015 年 5 月印发的《中国制造 2025》以信息技术与制造技术深度融合的数字化、网络化、智能化制造为主线，为中国制造业 2015—2025 年这 10 年设计了顶层规划和路线图。中国制造业转型需要跨界与跨平台思维，从机器人国产化到智慧工厂，再到工业 4.0 制造与服务，中国工业 4.0 可拓展的空间还很大。在发展工业 4.0 中工业软件技术正发挥着极其重要的作用，计算机辅助设计（CAD）、辅助制造（CAM）、辅助分析（CAE）、辅助工艺（CAPP）以及产品数据管理（PDM）等实现了生产和管理过程的智能化、网络化。

任务 2　国内外 CAM 编程软件

（1）cncKad

cncKad 是以色列 Metalix 公司为钣金制造提供的一套完整的 CAD/CAM 系统。上海海迈 HyMore 是以色列 Metalix 公司在中国独家授权的销售及服务中心。

cncKad 是一套完整的从设计到生产的一体化钣金 CAD/CAM 自动编程软件。支持全球所有型号的 CNC 转塔冲床、激光切割机、等离子切割机和火焰切割机等机床设备。cncKad 在同一模块中集成了 CAD/CAM 功能，它将几何图形、外形尺寸和冲压/切割技术进行了完美整合。当修改了几何图形后，cncKad 会自动更新外形尺寸和冲压/切割的定义。cncKad 软件有 cncKad 和 AutoNest 两种工作模式，其图标如图 1.2 所示。

cncKad 18
(64-bit)　　AutoNest
18(64-bit)

图 1.2　cncKad 软件图标

  Metalix 的自动套裁软件 AutoNest 能提供最佳材料利用率。AutoNest 是一款能通过多种方法达到最佳自动/手动套料的强大软件，几分钟内就能为目标零件生成一个复合有效的、能顾及零件属性和参数设置的解决方案。零件图纸可以通过 cncKad 绘制，也可以通过 DXF/DWG 格式导入。

  cncKad 软件的相关界面如图 1.3 和图 1.4 所示。

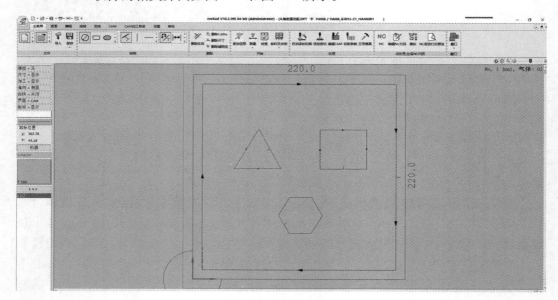

图 1.3 cncKad 零件编辑模式界面

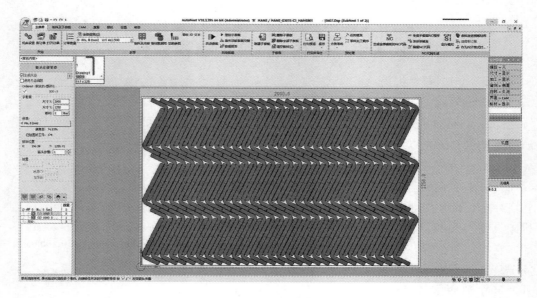

图 1.4 AutoNest 套料模式界面

（2）Lantek

西班牙 Lantek Sheet Metal Solutions SLU 公司成立于 1986 年，是钣金加工行业编程套料和智能制造软件供应商，为钣金加工企业或下料车间提供车间信息化管理、数字化转型、智能制造软件产品和应用服务，帮助客户全方位管理钣金加工业务，包括报价、订单管理、加工流程管控、库存管理、机床监控、生产制造流程分析、成本分析、报价分析、客户分析等。其产品线包括 CAD/CAM/MES/ERP 及云端大数据分析应用。其 CAM 软件主要为数控冲床、激光切割机、水射流切割机、等离子/火焰切割机、管材型材切割设备、复合机床编程套料。

Lantek 中国成立于 2006 年，总部位于上海，并在北京、天津、武汉、深圳等地拥有办事机构。秉承"欧洲科技服务中国"的理念，Lantek 中国与国内各大切割机生产厂家建立了合作，如大族激光、奔腾激光、苏州领创、普瑞玛智能、宏山激光、江苏亚泰等。为助力中国制造业产业升级，Lantek 中国积极部署帮助终端用户实现钣金加工的数字化转型，为其实现智能制造添砖加瓦。

Lantek
Expert

图 1.5　Lantek 软件图标

Lantek 软件的图标如图 1.5 所示。

Lantek 软件相关界面如图 1.6、图 1.7 和图 1.8 所示。

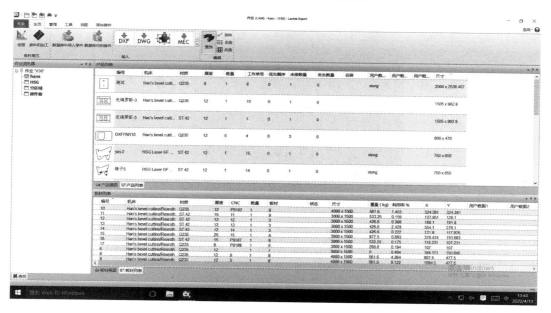

图 1.6　Lantek 软件主界面

（3）CypNest

柏楚 CypNest 平面套料软件是上海柏楚电子科技股份有限公司旗下的一套用于柏楚平面激光切割数控系统的套料软件。上海柏楚电子科技股份有限公司于 2007 年 9 月

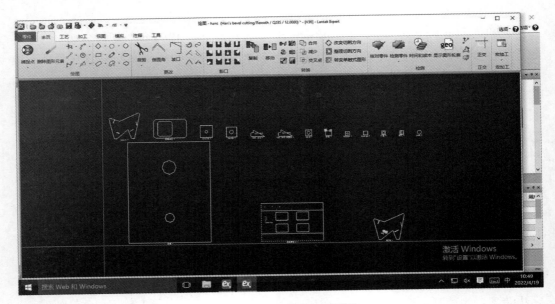

图 1.7 Lantek 软件绘图界面

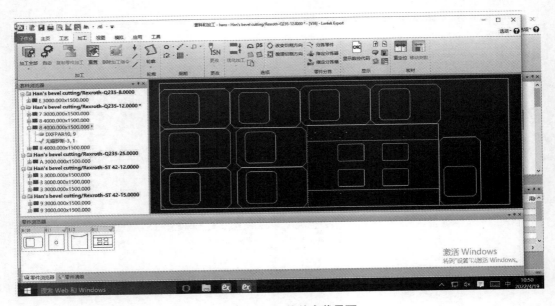

图 1.8 Lantek 软件套裁界面

11 日在紫竹国家高新技术产业开发区创办成立，是一家高新技术的民营企业，先后自主研发出 CypCut 激光切割控制软件、HypCut 超高功率激光切割控制软件、CypTube 方管切割控制软件、FSCUT1000/2000/3000/4000/5000/6000/8000 系列激光切割控制系统、高精度视觉定位系统及集成数控系统等产品。CypNest 平面套料软件是针对柏楚 HypCut/CypCut 平面切割软件开发的一款套料软件，能够实现快速套料、图纸处理、刀路编辑、生成表单等功能。

　　柏楚 CypCut 软件图标和 CypNest 软件
图标如图 1.9 所示。

　　柏楚 CypCut 平面切割软件操作界面如
图 1.10 所示。

　　柏楚 CypNest 平面套料软件的各个界面
如图 1.11～图 1.14 所示。

CypCut

CypNest6.3

图 1.9　CypCut 软件图标和 CypNest 软件图标

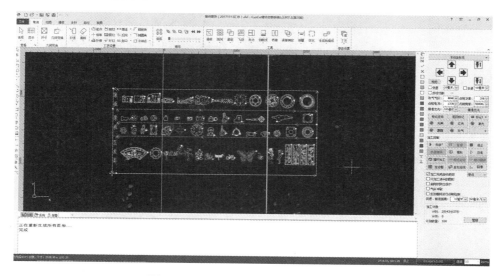

图 1.10　CypCut 平面切割软件操作界面

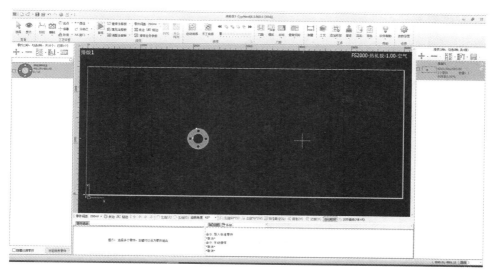

图 1.11　CypNest 平面套料软件主界面

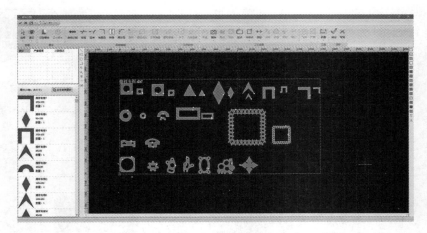

图 1. 12　CypNest 平面套料软件零件导入界面

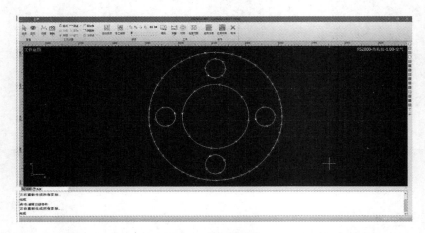

图 1. 13　CypNest 平面套料软件已排版零件路径编辑界面

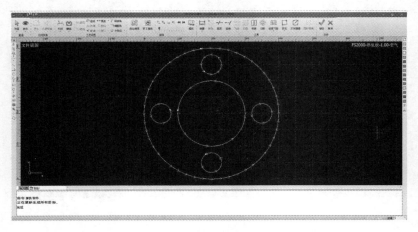

图 1. 14　CypNest 平面套料软件零件库零件路径编辑

（4）Han's LaserNest

Han's LaserNest 激光切割套料软件是深圳市大族智能控制科技有限公司自主研发的一款针对激光切割行业的专业套料软件。深圳市大族智能控制科技有限公司隶属于大族激光科技产业集团股份有限公司，公司长期致力于控制技术和控制系统的研究，立足于智能制造领域，为设备制造商提供以数控系统为核心的智能控制解决方案。主要产品包括数控系统、工业软件、视觉系统、调高系统、功能硬件等。公司产品已广泛应用于激光加工、铝合金加工、木工加工等领域。

Han's LaserNest 激光切割套料软件支持 DXF、DWG、G 代码格式导入，并提供图形修正功能；支持零件库、板材库、已排样库数据管理，并提供可视化交互，简单直观；支持高效的自动排样及手动排样，并提供为不封闭图形排样的解决方案；支持完善的激光切割工艺，提供为不同图层添加不同工艺的解决方案；支持多种切割刀路的选择方案，并提供区域加工、防碰撞处理，操作简单，刀路合理；支持 G 代码模拟和 G 代码查看，通过 G 代码程序段可准确定位到图形轮廓；可输出多种机器型号的 G 代码；可输出详细的排样报告单和生产报告单，并提供多种导出格式。

Han's
LaserNest

**图 1.15　Han's LaserNest
软件图标**

Han's LaserNest 软件图标如图 1.15 所示。

Han's LaserNest 软件的相关界面如图 1.16 和图 1.17 所示。

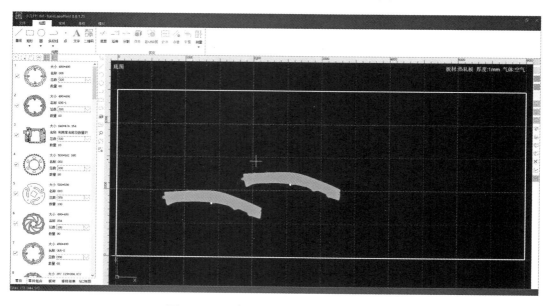

图 1.16　Han's LaserNest 零件图编辑界面

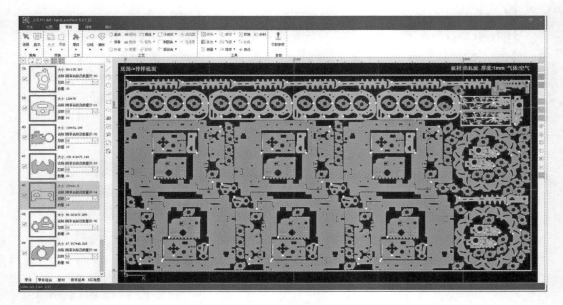

图 1. 17　Han's LaserNest 套裁界面

任务 3　CAM 软件工艺流程

　　Lantek 和 cncKad 软件都是激光切割非常专业的套料软件，同时它们还支持等离子、火焰切割、冲床设备的编程。Lantek 软件因具有专业的数据库管理功能而在自动化切割产线方面应用较多。cncKad 软件是最早且最专业的一款激光切割软件。CypNest 和 Han's LaserNest 都是专业针对激光切割编程的套料软件。CypNest 一般和柏楚的数控系统搭配使用。Han's LaserNest 适用于多个厂家的激光切割设备，在离线编程软件（编程电脑端）排版编程的程序可以在在线编程软件（切割机床）上进行方便灵活的编辑修改，在线和离线两个软件版本配合更方便激光切割设备使用。其他软件输出的程序也可以在 Han's LaserNest 的在线 CAM 界面进行编辑，但是兼容性会弱于 Han's LaserNest 的离线 CAM。Han's LaserNest 的离线 CAM 在输出程序时会同步零件相关的信息以便于在线 CAM 识别。结合软件功能的专业性、软件学习的难易程度、市场覆盖率等多方因素，本书以 cncKad 软件为例来讲解激光切割 CAM 软件的使用。

　　激光切割工艺流程是指按照图纸规定通过 CAM 软件编程输出切割程序，然后使用激光切割设备加工出成品工件的一系列过程。

　　CAM 软件编程主要是将需要加工的工件图纸导入编程软件中进行处理，然后通过软件将可视化的图像信息变为可被机器识别的 NC 程序代码信息。以 cncKad 软件为例，结合软件的功能来讲一般套料编程分为九步，如图 1.18 所示，具体解释如下：

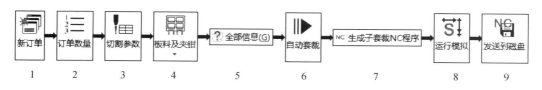

图 1.18　套料编程流程图

步骤 1，新订单：新建一个格式为.ord 的订单文件；

步骤 2，订单数量：导入工件 CAD 文件或 DFT 文件，对图形进行处理，添加加工路径，设置零件的材质及数量；

步骤 3，切割参数：检查并设置分层、引线、补偿值；

步骤 4，板料及夹钳：设置板材大小及零件到板材边缘的距离；

步骤 5，全部信息：设置零件间和零件内孔的安全边距，设置零件是否可以旋转镜像；

步骤 6，自动套裁：将零件合理地排布在板材上；

步骤 7，生成子套裁 NC 程序：确认切割优化设置，选用合适的补偿方式等；

步骤 8，运行模拟：将 NC 程序路径进行模拟，检查程序的切割顺序、引线、微连接、喷膜等功能是否设置正确；

步骤 9，发送到磁盘：将模拟检查无误的程序发送到切割机床。

课后习题

判断题

1. cncKad 软件编程作为激光切割的重要组成部分，其编程技术水平直接影响着机械零件和产品的加工精度及加工效率。　　　　　　　　　　　　　　　　（　　）

2. cncKad 软件只允许输出一种机型的 NC 文件。　　　　　　　　　　（　　）

3. CAM 软件编程是输入编程代码，然后将其转化为可视化零件图纸图形的过程。

　　　　　　　　　　　　　　　　　　　　　　　　　　　　　　　　（　　）

4. 引线和补偿值可以在"切割参数"中进行设置。　　　　　　　　　　（　　）

5. 板材大小及零件到板材边缘的距离可以在"切割参数"中进行设置。　（　　）

第二部分

激光切割软件（cncKad）编程

项目 2

cncKad 软件基础知识

项目描述

  工欲善其事，必先利其器，安装 CAM 软件需要一台高性能计算机。cncKad 软件在一台高性能的计算机上运行才能发挥出其该有的效率并提升用户的体验感。cncKad 对安装环境有一定的要求，计算机处理器需要 i5 四核及以上，安装内存 4G 及以上，系统类型推荐 64 位，操作系统推荐 Win10 及以上。同时，建议安装 cncKad 软件的计算机不连接互联网，如果计算机安装有杀毒软件就需要将 cncKad 软件添加到杀毒软件的信任区。计算机要少安装或者不安装与 cncKad 无关的软件，预防计算机中毒或者崩溃。在安装 cncKad 软件之前，需要对配套光盘的内容进行备份，其加密狗亦要注意保管，预防丢失。cncKad 软件的加密狗类似一个 U 盘，电脑没插入加密狗无法打开软件。（注：加密狗，也称作加密锁，是一种用在计算机、智能硬件设备、工控机、云端系统等软硬件的加密产品。软件开发商通过加密狗管理软件的授权，防止非授权使用，抵御盗版威胁，保护源代码及算法。）

  本项目通过介绍 cncKad 软件的安装与卸载、软件的综合功能以及菜单界面，让学生对 cncKad 软件有个整体的认识。

任务 1   安装与卸载 cncKad 软件

（1）安装控制软件

如图 2.1 所示，将光盘中软件安装包拷贝到计算机上。软件根据计算机的系统不

名称	修改日期	类型	大小
Bin	2020/3/31 13:08	文件夹	
cncKad.18	2020/3/31 13:08	文件夹	
cncKad.18_32	2020/3/31 13:08	文件夹	
激光操作视频	2020/3/13 11:13	文件夹	
autorun.inf	2009/6/24 11:38	安装信息	1 KB
cncKadCD.exe	2004/10/21 16:38	应用程序	124 KB
cncKadCD.ini	2009/6/24 11:38	配置设置	1 KB
CreateDVD.log	2020/3/31 13:09	文本文档	2 KB
加工报告创建生成要求.docx	2017/6/8 10:32	DOCX 文档	240 KB
加密狗报警处理方法.docx	2015/5/18 14:51	DOCX 文档	874 KB
如何备份机器参数.docx	2015/9/24 11:13	DOCX 文档	159 KB

图 2.1 安装文件

同有 32 位和 64 位两个版本。"cncKad. 18 _ 32"为针对 32 位系统的安装包，"cncKad. 18"为针对 64 位系统的安装包。选择打开"cncKadCD. exe"，安装文件会根据计算机的系统自动选择安装 32 位或 64 位的版本。当无法自动安装或者想直接根据系统选择对应的版本安装时，可以直接选择运行对应文件夹下的"setup. exe"程序进行安装。

如图 2.2 所示，在弹出的界面点击"Install Products"（安装产品）。

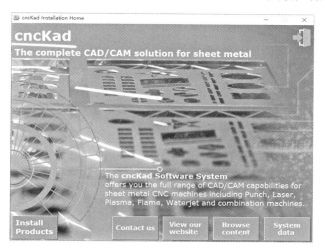

图 2.2　点击"Install Products"

如图 2.3 所示，在弹出的新窗口中点击"cncKad"。

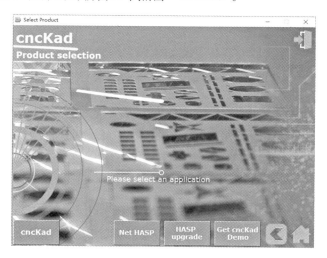

图 2.3　点击"cncKad"

如图 2.4 所示，点击"Install cncKad"。

如图 2.5 所示，点击"Install cncKad"之后软件会提示：安装前请移除加密狗。确认加密狗没有插入电脑主机后点击"确定"。点击"确定"后软件会有如图 2.6 和图 2.7 所示的提示。

Install cncKad
cncKad
Install cncKad
Make sure to login as an "Administrator"
on your PC before installing.
If you are running an Anti-Virus program you must
disable it before beginning the installation
Before installing view the following:
cncKad Installation Instructions
Install
cncKad

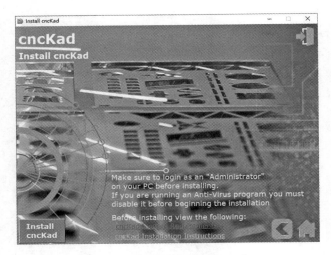

图 2.4　点击“Install cncKad”

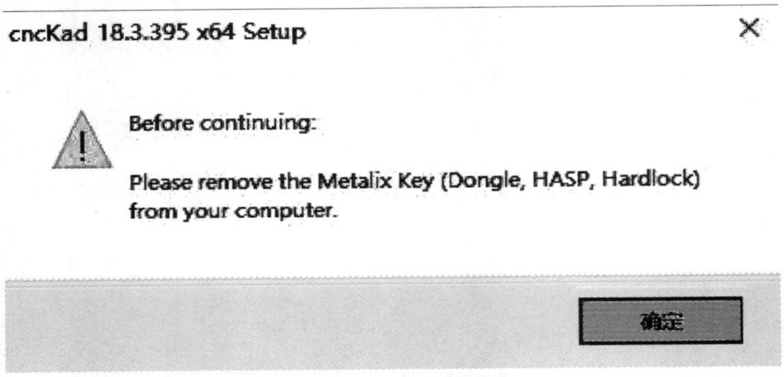

cncKad 18.3.395 x64 Setup
Before continuing:
Please remove the Metalix Key (Dongle, HASP, Hardlock)
from your computer.
确定

图 2.5　软件提示：安装前请移除加密狗

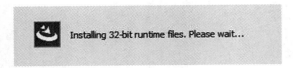

Installing 32-bit runtime files. Please wait...

图 2.6　正在安装 32 位运行文件，请稍候

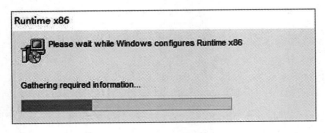

Runtime x86
Please wait while Windows configures Runtime x86
Gathering required information...

图 2.7　收集所需信息

如图 2.8 所示，在软件安装向导界面，确认安装环境安全后点击"Next"。

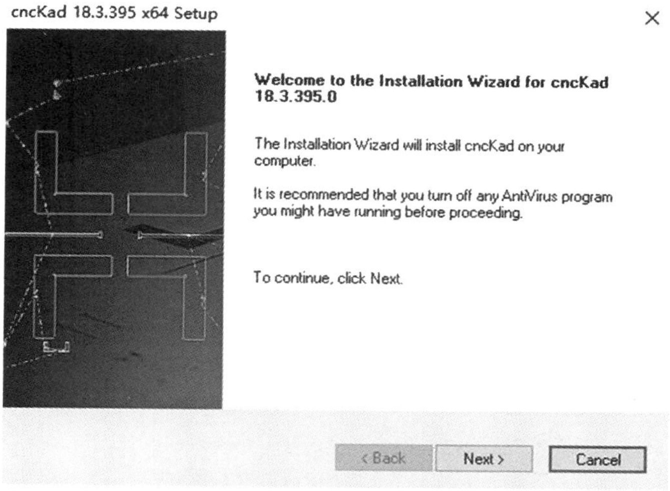

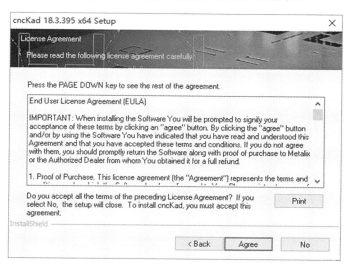

图 2.8 确认安装环境安全

如图 2.9 所示，点击"Agree"同意并接受软件的安装协议。

图 2.9 同意并接受软件的安装协议

如图 2.10 所示，选择"Typical"（典型）的安装方式，然后点击"Next"。

如图 2.11 所示，在弹出的新窗口中选择"cncKad Suite-Includes cncKad，AutoNest and Simulation"（包括 cncKad、AutoNest 和仿真），然后点击"Next"。"DNC-Send NC programs to the CNC machine"为安装将数控程序发送到数控机床的 DNC 插件、"CAD Link-Link to CAD programs"为安装一个用于切管机编程的 CAD 插件、"Tube 3D Simulation"为安装管材 3D 仿真插件。

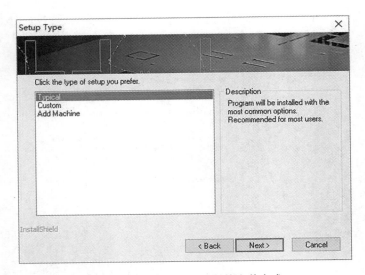

图 2.10　选择"Typical"的安装方式

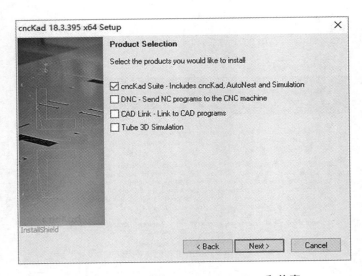

图 2.11　选择安装 cncKad、AutoNest 和仿真

图 2.12 所示为软件安装路径设置，一般默认将软件安装在 C 盘。

第一个路径安装的是 cncKad.18 软件、可执行文件、插件等其他文件，基本所有的文件都安装在"C：\ Metalix"这个文件夹下。

"Machines"文件夹下保存的是机床的后置文件，包括 MDL 文件、TRT 文件、报告模板等。

"P"文件夹保存的是处理过后的零件也就是零件库。全部设置完成后点击"Next"。

如图 2.13 所示，设置软件的语言为中文，设置完成后点击"Next"。

如图 2.14 所示，选择软件的单位类型为公制 mm，设置完成后点击"Next"。

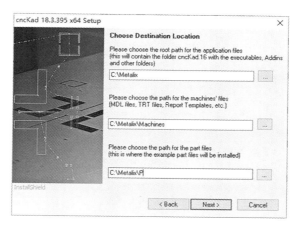

图 2.12 设置软件安装路径

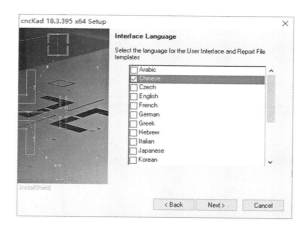

图 2.13 设置语言类型

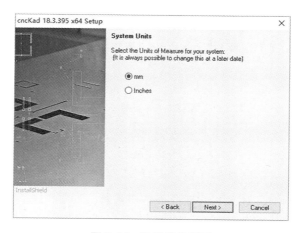

图 2.14 设置单位类型

如图 2.15 所示，在"Current Settings"界面需要确认软件的安装设置，确认无误后点击"Install"。

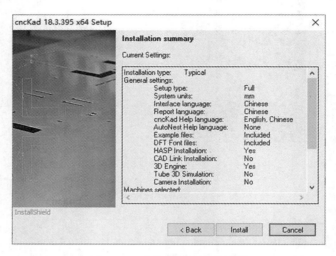

图 2.15　确认软件安装前设置

图 2.16 为软件正在安装，当进度条为满格时即软件安装完成。

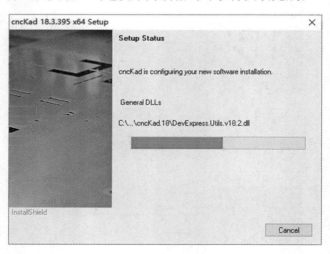

图 2.16　安装中

如图 2.17 所示，此时软件已经安装完成，点击"Finish"即可结束安装。如果此时勾选了"Yes, I want to launch cncKad now."（是的，我想现在就启动 cncKad 软件），软件就会在结束安装后自动打开。

如图 2.18 所示，提示将 Metalix 钥匙（加密狗、HASP、硬锁）插入计算机，并以管理员身份运行 cncKad 和 AutoNest 一次。插入加密狗后点击"确定"。

图 2.19 为 cncKad 软件启动中的界面。

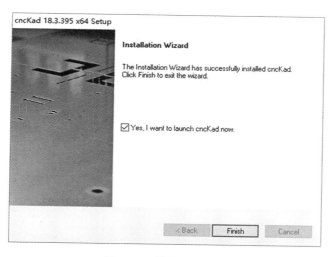

图 2.17 软件安装完成

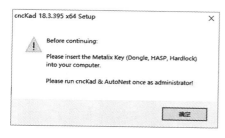

图 2.18 提示插入 Metalix 钥匙

图 2.19 cncKad 软件启动中

如图 2.20 所示，当看到此界面时即软件已经成功打开。

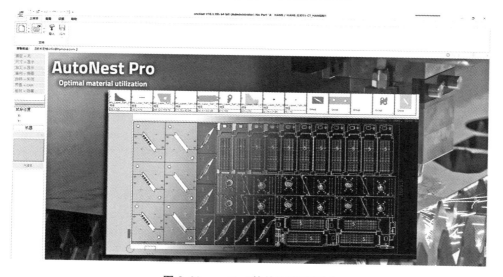

图 2.20 cncKad 软件打开后界面

（2）替换后置文件

软件安装完成后，可能需要更新机器的后置文件。后置文件按照时间分为不同的版本，新装软件一般需要更新后置文件到最新版本。后置文件中包含不同的机型，只有软件的机型和激光切割机的系统相对应，软件输出的程序才可以被机床识别。在老用户的机床后置文件中保存有用户修改设置的机床参数，当软件重装或者软件要安装在另一台计算机时就需要进行后置文件的替换。

如图 2.21 所示，后置文件就是软件安装根目录"Metalix"下的"Machines"子文件夹，只需要将该文件夹替换即可完成后置文件的更新。

图 2. 21　"Machines" 文件夹

（3）常见报警

如图 2.22 所示，如果出现图中 3 种报警，有可能是 USB 的插口有问题，可以尝试换一个插口试试；也有可能是安装的软件和计算机的硬件（一般是主板）不兼容，那就需要换台计算机安装。

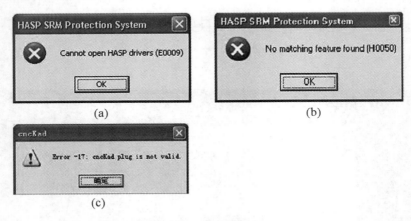

图 2.22　USB 插口问题报警或硬件兼容问题报警

如图 2.23 所示，软件打开时出现"H0007"报警，即软件未识别到加密狗。可以重启电脑试试，如果还是不行，需要重装加密狗的驱动程序。

如图 2.24 所示，点击计算机"开始"→"所有程序"

图 2. 23　"H0007" 报警

→ "Metalix" → "Tools" → "Insall HASP Driver"，运行 "Insall HASP Driver"，当软件出现 "Operation successfully completed." 表示驱动已经安装完成。

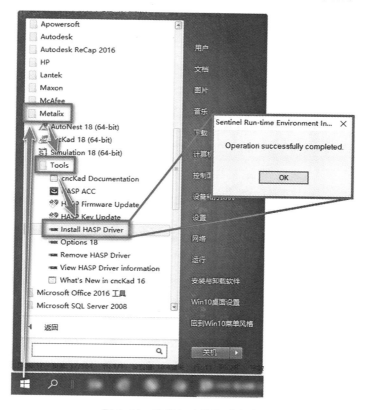

图 2.24　安装加密狗驱动程序

如图 2.25 所示，软件打开时出现 "Unable to access HASP SRM Run-time Environment（H0033）"［无法访问 HASP SRM 运行时环境（H0033）］报警。此报警的意思是软件的启动服务被禁止了，一般是由杀毒软件误杀导致的。

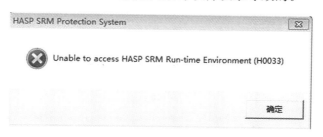

图 2.25　"H0033" 报警

如图 2.26 所示，按照图片的路径在计算机管理中的服务选项中找到对应的服务，然后点击启动就可以解决 "H0033" 报警。如果担心软件再次被误杀，可以将软件的安装目录添加进杀毒软件的信任区。

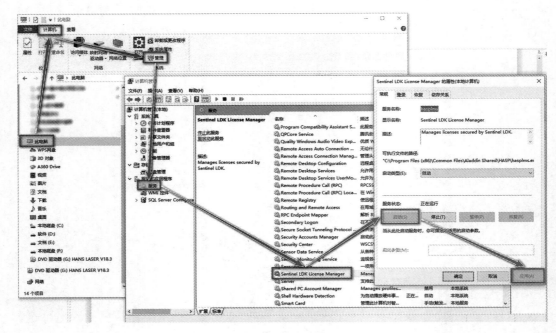

图 2.26　启动服务

（4）卸载软件

如果软件需要重装，那么在卸载前需要先将软件的后置文件"Machines"进行备份。如图 2.27 所示，卸载软件时在控制面板功能中找到程序和功能，找到对应的cncKad V18，右键打开，点击卸载。

图 2.27　卸载软件

如图 2.28 所示，点击"是"，确认删除所选的应用程序及其所有功能。

图 2.28　确认卸载软件

图 2.29 所示为软件正在卸载的界面。

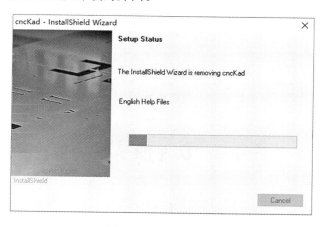

图 2.29　软件卸载中

图 2.30 为 cncKad 软件已经卸载完成，需要用户选择是否要现在重启计算机。在这里可以选择"Yes，I want to restart my computer now."（同意，我想现在重新启动我的计算机）或者"No，I will restart my computer later."（不，我稍后会重新启动我的计算机），选择后点击"Finish"完成卸载。

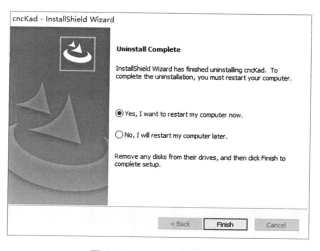

图 2.30　cncKad 卸载完成

图 2.31 为 cncKad 软件安装的根目录所在路径。若想完全删除 cncKad 软件还需要在卸载完后手动删除"Metalix"文件夹，如果之后还要重装软件并且要保留之前设置的软件参数，在删除"Metalix"文件夹前需要将该文件夹的"Machines"子文件夹备份，待软件重置之后再进行替换。

图 2.31 删除"Metalix"文件

任务 2 软件的基本功能

cncKad 软件安装完成后会有两个图标：cncKad 18 和 AutoNest 18（见图 1.2）。cncKad 18 模式下主要是对单个或多个零件进行编辑加工后输出程序；AutoNest 18 模式下主要是对单个或者多个零件进行编辑加工、套料排版后输出程序。

（1）cncKad 模式

图 2.32 所示为打开 cncKad 模式后的界面，该界面只有主菜单、查看、设置、帮助这几个菜单栏。

图 2.32 cncKad 模式界面

如图 2.33 所示，cncKad 模式下导入零件后会出现主菜单、查看、编辑、绘制、变换、CAM、CAM 加工修改、设置、帮助这 9 个菜单栏。

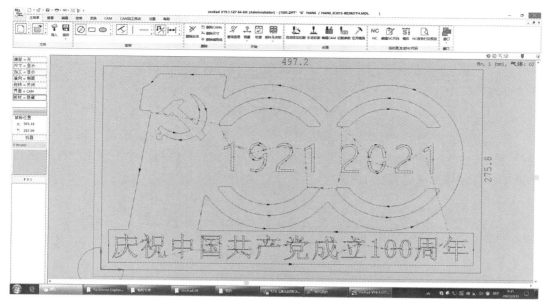

图 2.33 cncKad 模式下导入零件后界面

"主菜单"栏下方的工具栏包含了检查、自动添加切割、切割参数、NC 等编程常用的功能，一般情况下使用这些功能就可以输出程序。"主菜单"栏下的功能可以在后面的几个菜单栏下找到。

图 2.34 为"查看"菜单栏，该菜单栏可以设置软件状态栏的打开与关闭，对轮廓可以查询轮廓信息、检查轮廓是否合理、测量尺寸等，针对零件窗口可以调整窗口显示大小和位置，针对添加的加工路径可以设置是否显示路径宽度、是否显示空程路径等。软件所有关于呈现方面的功能都在"查看"菜单栏下。

图 2.34 "查看"菜单栏

图 2.35 为"编辑"菜单栏，该菜单栏下的功能都是针对零件轮廓进行编辑的，可以对轮廓进行删除、分割、连接、倒角、剪断、延伸、添加钣金缺口、添加折弯工艺孔、添加字体桥接等。

图 2.35 "编辑"菜单栏

图 2.36 为"绘制"菜单栏，该菜单栏加上编辑菜单栏就相当于一个简单的 CAD 功能。"绘制"菜单栏的绘图功能一般很少用到，大多数用户会使用 CAD 来进行绘制，

该菜单栏下常用的一个功能就是"Windows 字体",可以用来绘制线条样式的字体,也就是 CAD 里的文字变线功能。

图 2.36　"绘制"菜单栏

图 2.37 为"变换"菜单栏,该菜单栏可以对零件进行阵列、移动、缩放、旋转、镜像等操作,"实体平顺"是该菜单栏最常用到的功能,可以将一些不规则的线条进行平顺或拟合,使加工路径更加平滑。

图 2.37　"变换"菜单栏

图 2.38 为"CAM"菜单栏,该菜单栏包括为零件轮廓自动添加切割路径、自动修改加工顺序等功能。

图 2.38　"CAM"菜单栏

图 2.39 为"CAM 加工修改"菜单栏,该菜单栏包括对零件加工路径进行手动修改、对零件加工顺序进行手动修改、修改程序原点等功能。

图 2.39　"CAM 加工修改"菜单栏

图 2.40 为"设置"菜单栏,该菜单栏可以进行机床设置、切割参数设置、板材库维护、报价参数设置、报告设置等。软件界面的工具模式和 office 模式的切换也是在这里设置。

图 2.40　"设置"菜单栏

图 2.41 为"帮助"菜单栏,该菜单栏最常用到的功能就是在软件出现问题时生成问题报告,软件的技术支持人员可以根据问题报告来判断软件的问题。

（2）AutoNest 模式

图 2.42 是打开 AutoNest 模式后的界面,该界面和 cncKad 模式下刚打开的界面类似,只有主菜单、查看、设置、帮助这几个菜单栏。

图 2.41　"帮助"菜单栏

图 2.42　AutoNest 模式界面

当 AutoNest 模式下新建一个订单或者打开一个之前的订单时才会显示完整的功能界面。图 2.43 为 AutoNest 模式下完整的界面，其中包括主菜单、板料及子套裁、CAM、查看、报价、设置、帮助这 7 个菜单栏。在 AutoNest 模式下进行排版编程时一般使用"主菜单"的功能就可以全部完成。

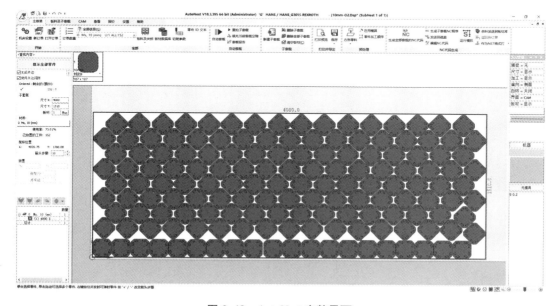

图 2.43　AutoNest 完整界面

图 2.44 为"板料及子套裁"菜单栏，该菜单栏可以对套裁进行自动套裁、重排子套裁、新建子套裁、删除子套裁等操作；对于排好的板材可以自动调整加工顺序、将排版以 NST 或 DFT 格式在 cncKad 模式界面下进行编辑、余料发送到板材库和取消生产处理等操作。

图 2.44　"板料及子套裁"菜单栏

图 2.45 为"CAM"菜单栏，该菜单栏可以对套裁的加工路径进行手动的编辑，如编辑微连接、编辑角处理、编辑引线、飞切、修改程序原点、编辑加工顺序、生成 NC 等操作。

图 2.45　"CAM"菜单栏

图 2.46 为"查看"菜单栏，该菜单栏可以进行关于零件显示、状态栏显示、窗口显示、加工路径显示以及共边加工路径显示等关于软件显示方面的设置。

图 2.46　"查看"菜单栏

图 2.47 为"报价"菜单栏，该菜单栏主要进行一些评估参数的设置及评估报告的生成，最常用的功能为"切割参数"，"切割参数"在主菜单也有显示。

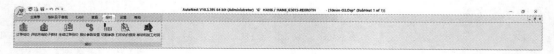

图 2.47　"报价"菜单栏

图 2.48 为"设置"菜单栏，AutoNest 的设置菜单栏和 cncKad 的设置菜单栏一样，在机床设置和工作区域设置的一些公共参数设置两个软件也是共通的，同时又分别有自己独立用到的一些参数设置。

图 2.48　"设置"菜单栏

图 2.49 为"帮助"菜单栏，AutoNest 的帮助菜单栏和 cncKad 的帮助菜单栏一样，主要使用的功能是"错误报告"。

图 2.49　"帮助"菜单栏

课后习题

判断题

1. 当安装了 cncKad 软件的计算机插入"加密狗"之后 cncKad 软件才可以使用。
（　　）

2. 完全卸载 cncKad 软件不需要删除"Metalix"文件夹。　　　　　　（　　）

3. cncKad 模式下主要是对单个或者多个零件进行编辑加工并套料排版后输出；AutoNest 模式下主要是对单独或多个零件进行编辑加工后输出。　　（　　）

4. cncKad 模式下"绘制"菜单栏的功能包括为零件轮廓自动添加切割路径、自动修改加工顺序等。　　　　　　　　　　　　　　　　　　　　　　（　　）

5. 只有 AutoNest 模式下有板料及子套裁菜单栏。　　　　　　　　　（　　）

切割工艺编程流程

项目描述

如图 1.2 所示，cncKad 编程软件打开会有两个模式，一个是侧重于对加工路径处理的 cncKad 模式，一个是侧重于对零件排版的 AutoNest 模式。在实际生产过程中使用频率最高的是 AutoNest 模式。进行整板切割时，必须在 AutoNest 模式下对工件进行排版处理。AutoNest 的套料编程是 cncKad 软件中最重要的组成部分。

本项目通过介绍 AutoNest 和 cncKad 编程流程，让学生掌握好排版技能，更快将其运用于实际生产过程中。

任务 1　软件编程流程

（1）基本编程流程

cncKad 软件的编程流程分为 AutoNest 套料编程流程和 cncKad 从路径处理到生成程序的编程流程。cncKad 从路径处理到生成程序的编程流程如图 3.1 所示。

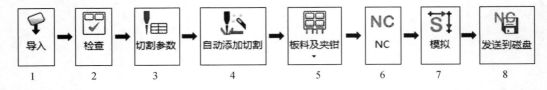

图 3.1　cncKad 从路径处理到生成程序的编程流程

高于 cncKad 16 版本使用的 AutoNest 套料编程流程一般如图 1.18 所示。cncKad 软件 16 版本及低于 16 版本的软件套料编程的流程一般是：使用 AutoNest 模式操作到如图 1.18 所示第 6 步，如果此时有加工路径需要调整就将排好的整板零件导入 cncKad 模式里面进行路径的编辑，编辑完成后在 cncKad 模式下输出程序；如果加工路径没有调整需求就可以直接在 AutoNest 模式下输出 NC 程序。

高于 16 版本的 cncKad 软件在 AutoNest 模式下增加了对加工路径编辑的大部分功能。在进行套料编程时遇到需要对零件图形或是图形的路径进行编辑的情况可以直接在 AutoNest 模式下对图形或加工路径进行编辑，不需要再将零件或者是整版导入 cncKad 模式下进行编辑。任务 2 与任务 3 会分别介绍 AutoNest 套料编程流程和 cncKad 从路径处理到生成程序的编程流程。

（2）相关文件格式

想要灵活使用 cncKad 软件的两种编程模式，首先就要认识与软件相关的几个文件格式。图 3.2 列出了一些与 cncKad 软件相关的文件格式。

.Ord 是订单文件格式，该格式文件是在 AutoNest 模式下新建订单时创建的，保存有导入零件的信息。

.CSV 是在 AutoNest 模式下进行批量导入零件的订单文件格式，该格式文件使用得较少。

.Dsp 是保存有零件信息及排版信息的文件格式，是 AutoNest 模式下使用的一个格式。

.dwg、.dxf 是常用的导入零件图形的 CAD 文件格式。

.DFT 是 cncKad 模式下导入图形后生成的一个文件格式，是已添加加工路径的零件保存的格式。在 AutoNest 模式下"订单数量"界面进行一键自动处理时会为每一个单个零件生成一个对应的.DFT 文件，在 AutoNest 模式下"订单数量"界面选中零件，点击"编辑"，会将零件在 cncKad 模式下打开，在 cncKad 模式下编辑结束并保存之后还会将修改同步至 AutoNest 模式。

.DFT 和.NST 两个格式的文件都是将排版从 AutoNest 导出到 cncKad 进行路径编辑的文件格式。这两个格式的区别：以.DFT 格式导出到 cncKad 的文件，打开后排的一整版零件会被组合为一个零件，在机床上无法使用工件停止和灵活进入功能；以.NST 格式导出到 cncKad 的文件，打开后输出的程序可以使用工件停止和灵活进入功能。

形如.＊NC（如.GNC、.QNC）格式的文件是生成的加工程序的保存文件，NC 前方的字母可以自定义为任何一个英文字母或者数字，字母不同不影响程序使用。一般情况下为一个机型对应一个字母，可以用来区分机型。

.DOC、.CSV、.TXT、.XLSX 格式的文件都是软件生成的报告文件，报告的模板和格式可以根据需求设置。

名称	修改日期	类型	大小
13.喷膜和预穿孔功能_002_1.dft	2022/3/4 9:30	cncKad Part	17 KB
14.飞行切割功能.dwg	2020/6/4 10:17	DWG 文件	48 KB
111.DOC	2022/3/5 16:48	DOC 文档	97 KB
111.Dsp	2022/3/5 16:21	cncKad AutoNest	69 KB
111.Ord	2022/3/4 9:20	ORD 文件	4 KB
111_AUT.CSV	2022/3/5 16:21	XLS 工作表	6 KB
102108	2021/10/25 17:00	文件	1 KB
102108.7NC	2021/10/25 17:00	7NC 文件	1 KB
102108.ANC	2021/10/25 16:56	ANC 文件	2 KB
102108.DFT	2021/10/25 17:00	cncKad Part	11 KB
111001	2022/3/5 15:55	文件	209 KB
111001.8NC	2022/3/5 16:47	8NC 文件	209 KB
111001.NST	2022/3/5 16:20	Outlook 数据文件	218 KB
111001_AUT.TXT	2022/3/5 16:21	文本文档	2 KB

图 3.2　文件格式

（3）AutoNest 模式编辑

使用 cncKad 16 版本及 16 版本之前的软件时，在 AutoNest 软件的排版界面右键点击零件，有一个"在 cncKad 编辑零件"选项，使用"在 cncKad 编辑零件"会将零件导入 cncKad 软件打开。

高于 16 版本的软件点击"在 cncKad 编辑零件"会直接在 AutoNest 模式对零件进行编辑，编辑时的软件模式是 AutoNest 模式，界面是 cncKad 模式的界面。如图 3.3 所示，当前模式是 AutoNest 模式，但是界面是 cncKad 模式的界面。

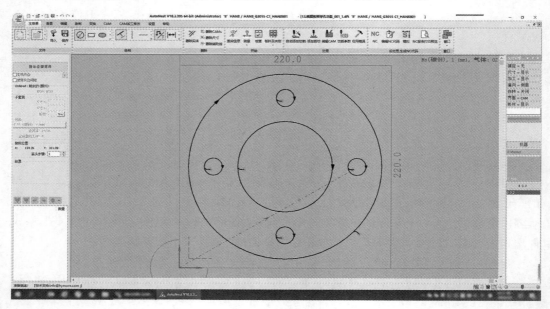

图 3.3　在 AutoNest 模式下编辑零件

任务 2　AutoNest 套料编程流程

（1）新建订单

如图 3.4 所示，首先打开 AutoNest 软件，点击"新订单"。

如图 3.5 所示，在新弹出的窗口中选择保存的路径，通常选择一个默认的磁盘（建议 D 盘或者 E 盘）建立一个专项文件夹，然后输入订单的名称，选择文件类型（一般文件类型选择. Ord 格式；. Csv 格式为批量导入时使用，一般很少用到），点击"打开"即可。

图 3.4　点击"新订单"

（2）导入零件

如图 3.6 为软件的订单数量界面，新建订单后会直接进入该界面。软件关闭之后还可以通过点击主菜单的"订单数量"进入该界面。订单数量界面可以进行零件图形导入、零件图形处理、为零件自动添加切割、修改零件数量等操作。

图 3.5　建立新订单信息

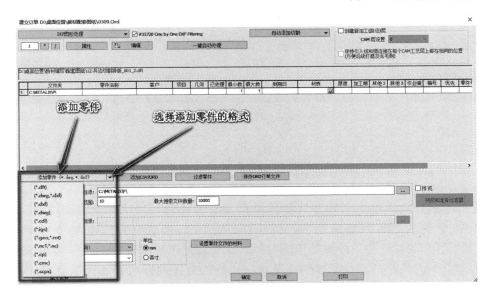

图 3.6　订单数量界面

导入的文件格式一般是 CAD 格式，同时软件支持其他多种文件格式。其中，.DFT格式文件可包含加工切割轨迹和板材厚度信息，导入后直接排版就可以完成操作。注意：导入的零件外轮廓必须是白色的实体并且不能和内轮廓里任何白色的实体相交，否则导入后会导致零件报错。

导入零件步骤如下：

①订单创建后在弹出的对话框里面选择添加零件命令。

②如图 3.6 所示，在弹出的对话框里面选择零件的扩展名，设置导入的零件格式。

③如图 3.7 所示，首先选择文件夹路径，然后在"目录文件"下选择所需要的零件（可以单选或者按住键盘 Ctrl 或者 Shift 键多选），然后点击箭头"≫"导入零件，之后会有弹窗，在弹窗里设置零件的数量、材质、板厚（当在导入零件时的数量、材质、板厚设置错误时可以在订单数量界面进行修改），最后点击"确定"，此时零件图形就会被导入软件。

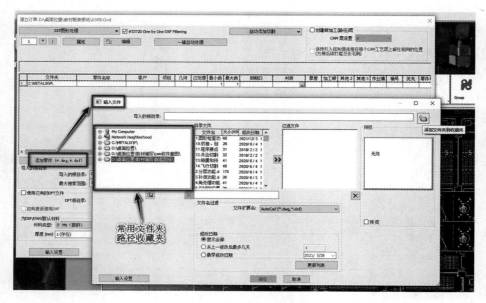

图 3.7　导入零件

　　当最右方的文件路径下找不到零件储存的文件夹时，可以使用如图 3.7 所示界面中间的"导入的根目录"，找到相应的路径即可将需要的文件路径导入左侧的快捷窗口。

　　（3）零件处理

　　零件图形导入软件之后需要对零件进行"图形处理"和"自动添加切割"处理。低于 16 版软件的零件处理需要进行两次，高于 16 版的软件可以使用"一键自动处理"。图形处理和软件的"检查"功能类似，就是检查图形的轮廓是否有问题，如外轮廓是否闭合、内轮廓是否有不封闭线条等。当处理发现问题后在零件信息对应的"几何"那一列会有一个红色的"×"提示图形有问题。自动添加切割是为零件自动添加切割工艺路径，当自动添加切割后零件内有轮廓未添加切割，在零件信息对应的"已处理"那一列会有一个红色的"×"提示有轮廓未添加切割，一般是在图层中有小孔（小孔的定义见项目 5 的任务 1）且小孔未处理时会出现未添加切割提示。

　　①图形处理。

　　如图 3.8 所示，点击图形处理，选择全部处理。如果勾选图层过滤，会弹出零件图层过滤的界面，可以选择把不需要的图层过滤掉。图形处理的同时也会自动检查修复图形，比如修复重复线、未闭合小缺口、多段线等。

　　图 3.9 所示为图层过滤界面，在这里可以选择导入软件的图层以及对应图层的轮廓在导入软件后的颜色和线型。

　　导入软件的图层可以按照需求选择，如果零件图纸有图纸边框层、文本层或者其他不需要加工轮廓所在的图层，可以取消勾选对应的图层。在 CAD 软件中可以创建以下图层：图纸外框、标注、文本、切割、打标等。

　　针对需要切割的图层，一般轮廓导入软件后颜色转化为白色、线型转化为实线的

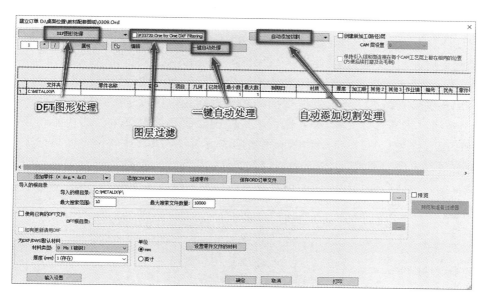

图 3.8 图形处理

轮廓或线条。

针对需要打标的图层，一般轮廓导入软件后，其颜色和线型要转化为在"自动切割—切割工艺"界面的未闭合轮廓的处理方式中"雕刻"对应的颜色和线型，线型一般设置为蓝色实线。

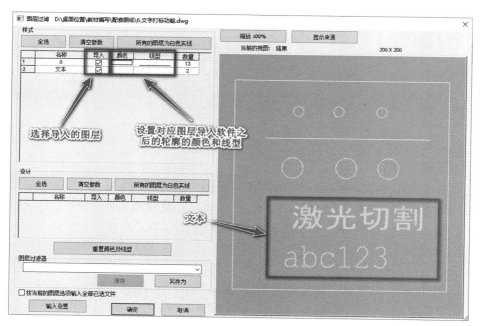

图 3.9 图层过滤

图 3.10 所示为零件导入软件后进行一键处理后的界面，如果某些零件的信息出现红色说明零件图在进行图形处理时出现了问题。"几何"一列有"×"说明图形处理时检测到图形有问题且无法自动处理；"已处理"显示"√"说明已经添加过切割路径，没有"√"说明未进行自动添加切割处理。当图形出现问题时可以点击对应的红色零件，使用预览检查图纸。当检查发现图纸确实有问题，可以选中该图纸并点击上方的"编辑"按钮，将零件导入 cncKad 模式下，使用绘制和编辑菜单栏的功能对零件图形进行修改或直接去 CAD 软件中将图形重新修改后再导入 CAM 软件（如果是加工路径有问题也可以点击"编辑"，在 cncKad 模式下对零件的加工路径进行编辑，编辑结束后将编辑的作业保存并关闭，关闭后对该零件路径的修改会同步到 AutoNest 模式中）。

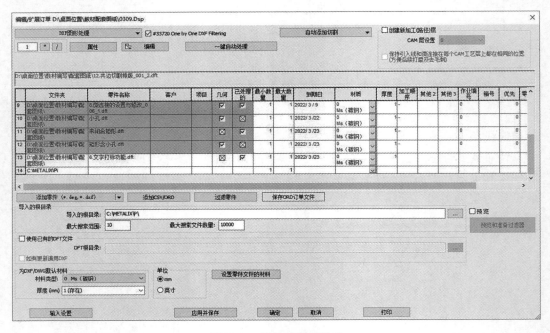

图 3.10　零件处理后检查

②自动添加切割。

对零件进行图形处理完成后就需要为零件逐个添加切割路径。

如图 3.11 点击"自动添加切割"，选择"全部"，此时会在弹出一个"自动添加切割"的窗口，一般"自动添加切割"的参数都是设置好的，检查完设置之后直接点击"确定"即可（自动添加切割涉及的加工处理功能较多，详见项目 5）。此时所有的零件都会被添加完整的加工路径，之后就可以点击"确定"开始进行排版相关的操作。

18 版本及以上版本对零件导入后的处理除了可以选择分别进行"图形处理"和"自动添加切割处理"外，还有一个更为快捷的方式，就是使用"一键自动处理"。一键自动处理可以一键同时完成"图形处理"和"自动添加切割处理"两步的操作。一键自动处理之后在界面的"几何"或者"已处理"的位置会显示绿色的"√"，此时就可以直接点击"确定"开始进行排版的相关操作。一旦"图形处理"和"自动添加切割处理"内容里有一个在自动处理时出现问题就会在"几何"或"已处理"处标示为红的"×"，此时就需要用预览或者编辑零件等功能对零件的问题进行处理（零件在cncKad界面下的编辑会在本项目的任务 4 讲解）。零件处理后没有问题了再点击"确定"开始进行排版的相关操作。

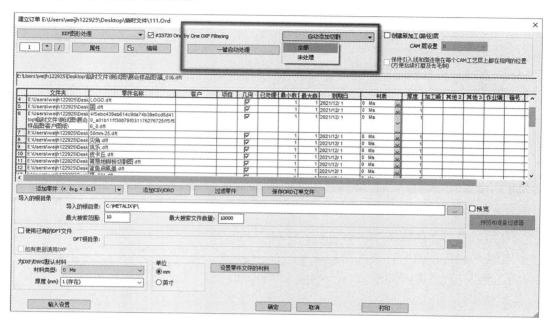

图 3.11　添加切割

（4）修改零件边界

添加零件完成后就要进行零件排版前的准备，为了防止相邻的零件被对方的引线破坏或者干涉，首先需要设置零件间的安全间隙（共边切割除外）。修改零件边界有使用"全部信息"和"零件信息"两种方式。

①全部信息。

如图 3.12 所示，首先选中零件，然后点击鼠标右键，选择"全部信息"。点击"全部信息"之后会出现如图 3.13 所示的界面。

在全部信息界面可以修改全部零件排版时的信息，也可以仅修改选择的零件的排版信息。当仅修改部分零件的排版信息时可以在选择零件时按住"Ctrl"键，用鼠标左键点击需要编辑的零件，选择完成后点击鼠标右键，选择"全部信息"，此时可以修改选中零件的排版信息。

"锁定"，当勾选该选项时，零件信息被锁定，零件无法排版。

"允许镜像"，当勾选该选项时，零件允许在排版中镜像，允许镜像时零件的排布组合会存在更多可能，所以会更加省料，当对加工的零件有变面要求时不允许镜像。

"方向"，零件排版时的旋转方向，可以选择任意角度，也可以指定某些特定的角

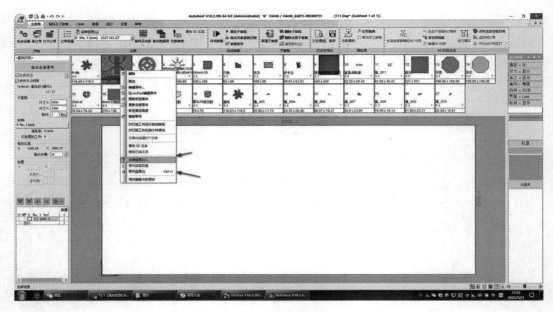

图 3.12　选择"全部信息"

度，还可以是不允许旋转（不允许旋转一般是在加工有颜色或花纹且对花纹方向有要求的零件时使用）。

"共边切割间距"，该处设置仅在共边切割情况下使用，共边切割会在项目 6 的任务 5 做详细讲解。

"四周间隔"，在大多数的排版情境下使用的设置零件边界的方式。四周间隔有两种设置方式：矩形边界和零件边界。矩形边界比较浪费板材，

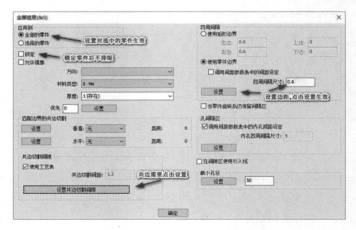

图 3.13　全部信息设置

所以使用较多的是零件边界。设置零件边界需要在输入边界尺寸后点击"设置"才会应用。该处边界值一般默认为 2.5 mm，图中设置为 0.6 mm，零件边界尺寸变为了共边间隙 1.2 mm 的一半。

在设置全部信息时大部分功能保持默认即可，仅需要根据是否有共边需求选择"使用零件边界"或"设置共边切割间隙"，设置完成后点击"确定"。

②零件信息。

右键点击零件，然后选择"零件信息"就可以进入零件信息设置界面。

如图 3.14 所示，在零件信息界面可以修改零件名称、材质、厚度、排版数量、镜

像、旋转方向、零件边界等。在仅需要修改单个零件的边界时就可以使用零件信息，输入需要的四周间隔尺寸就可以完成修改零件边界。

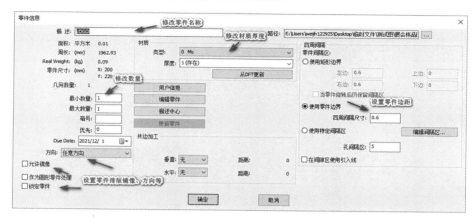

图 3.14 零件信息设置

（5）套料排版

将零件排布到板材上有两种方式，一种是自动套裁，另一种是手动排版。

①自动套裁。

自动套裁在软件的主菜单界面，点击"自动套裁"会出现如图 3.15 所示的自动套裁设置界面。检查该界面的设置后点击"运行"，此时就会开始进行自动排版。

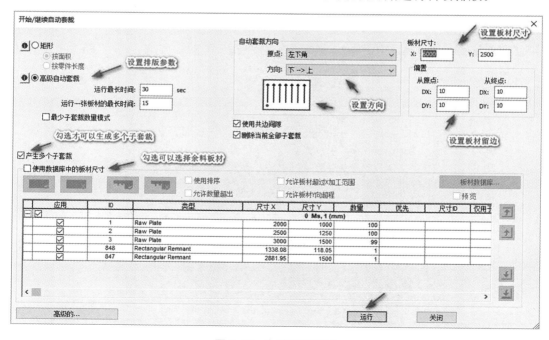

图 3.15 自动套裁设置

　　在自动套裁界面可以设置套裁的方式、套裁的方向、板材的尺寸、产生套裁数量等参数，此时直接使用默认参数，点击"运行"即可开始软件自动套裁。关于套裁参数的设置会按照功能进行讲解。

　　如图 3.16 为软件进行零件自动排版时的界面。勾选"Preview"可以预览当前排版信息。排版完成后点击"确定"就会完成自动套裁的操作。

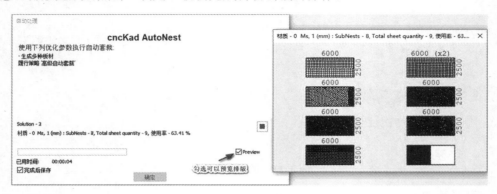

图 3.16　自动套裁中

　　在软件自动处理零件排版时，若排版时间过久，而当前预览的排版界面已经符合了需求，可以通过点击"自动处理"界面的红色方块提前结束排版的计算。

　　图 3.17 为自动套裁完成后的排版样式，检查排版没有问题就可以进行下一步——输出 NC 程序。如果自动生成的排版不符合需求，可以修改自动套裁的设置后重新排版或者是使用手动排版进行修改优化（零件之间的粉红色线条表示相邻两个共边切割，共边功能会在后面的项目中讲到）。

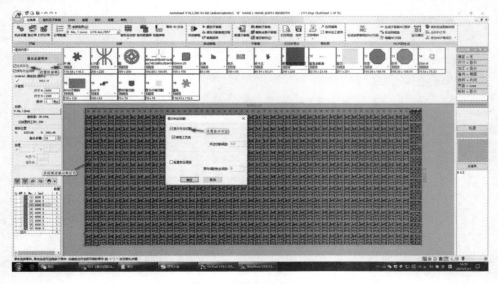

图 3.17　自动套裁生成的共边排版

②手动排版。

如图 3.18 所示，当鼠标选中零件之后会出现"手工套裁"的菜单栏。在手工套裁界面有零件位置调整、零件边界调整、零件数量调整等功能。

手动排版功能可以直接用于板材排版，也可以用来优化自动排版的结果。手动排版功能较多，会在本项目的任务 5 进行讲解。

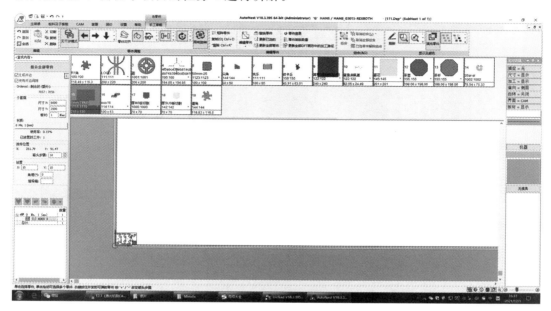

图 3.18 手动选择零件

（6）NC 程序输出

将完成的排版输出为 NC 程序可以使用"生成全部套裁的 NC 代码"或"生成子套裁 NC 程序"，第一种方式会将所有的排版一次性输出为 NC 程序，而第二种方式是生成当前排版的 NC 程序。推荐使用第二种方式，因为一张一张地生成子套裁的加工程序方便在当前排版程序路径有问题时及时修改。

生成子套裁 NC 程序的操作步骤如下。

步骤 1：如图 3.19，点击"生成全部套裁的 NC 代码"或"生成子套裁 NC 程序"。生成全部套裁的 NC 代码就是生成所有排版的 NC 程序；生成子套裁 NC 程序是生成当前选中的排版的 NC 程序。如果当前套裁有共边，在新弹出的对话框中选择创建共边切割，点击"运行"。

步骤 2：如图 3.20 所示，在弹出的"用户信息"界面直接点击"下一步"。

步骤 3：如图 3.21 所示，在弹出的"设置"界面直接点击"下一步"。

步骤 4：如图 3.22 所示，在弹出的"切割优化"界面修改需要的引入点和切割顺序相关的设置，设置完成后点击"下一步"。

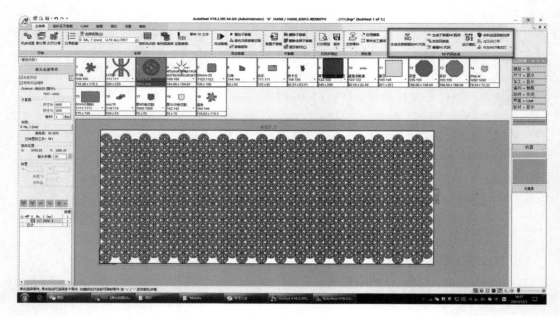

图 3.19　生成 NC 程序

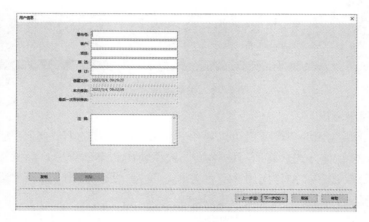

图 3.20　"用户信息"界面

图 3.21　"设置"界面

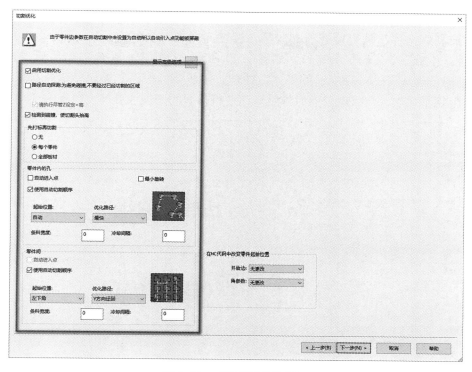

图 3.22　"切割优化"界面

步骤 5：在如图 3.23 所示的"在用模具"界面直接点击"下一步"。使用模具可以为轮廓进行编组。在一般编程流程中，所有轮廓被分在一个模具里，在特殊需求时可以将不同轮廓分在不同的模具，然后按照模具来修改模具之间的切割顺序。一般情况下此处按默认设置即可。

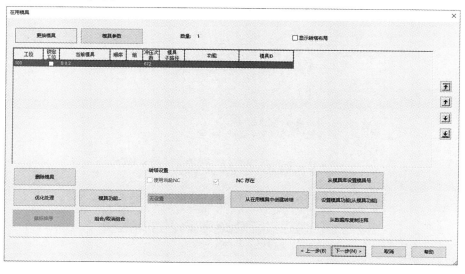

图 3.23　"在用模具"界面

步骤 6：在如图 3.24 所示的"程序生成器选项"界面设置是否使用控制器补偿、是否生成制造文件、是否检查引入线等。设置完成后点击"完成"，此时会出现一个"后处理，生成 NC 代码"的窗口，如图 3.25 所示，待后置代码生成结束后点击"确定"，此时就生成了 NC 程序。如果"后处理，生成 NC 代码"界面显示未能生成 NC 程序，出现了错误，此时就要返回排版界面进行排版的处理或者加工路径的优化等。

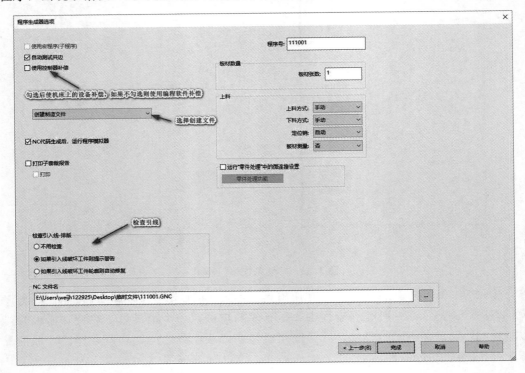

图 3.24 "程序生成器选项"界面

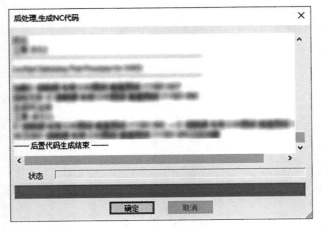

图 3.25 "后处理，生成 NC 代码"界面

（7）NC 程序模拟

图 3.26 所示为程序的模拟界面。在模拟器中可以模拟运行当前的程序，通过模拟来发现程序路径或顺序上的错误，模拟器中不仅显示路径，还会显示代码，模拟时也可以根据代码来检查程序。

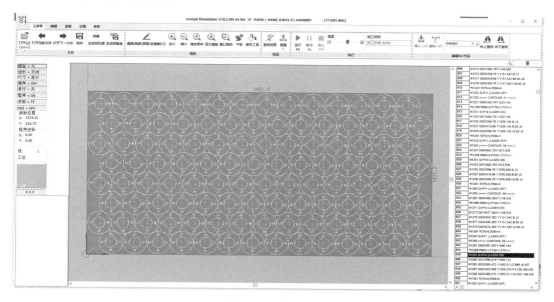

图 3.26　模拟程序

（8）NC 程序传输

程序发送到机床一般有使用局域网共享、使用 U 盘传输、使用网络发送三种。为了防止安装了光纤激光切割机床系统的电脑中病毒，一般不建议使用机床联网和拔插 U 盘的方式。推荐使用编程电脑和机床组建局域网的方式，局域网的搭建可以由专业的人员完成。成功组网后可以直接使用编程软件模拟界面的"发送到机床"或"发送到磁盘"来将程序发送到机床。

（9）查看加工报告

一般常用的加工报告有两种：一种是订单报告，就是一次性生成整个订单的排版信息；一种是当前子套裁报告，这个报告可以针对当前排版的板材生成很详细的信息。选择需要生成的报告，然后点击"确认"生成。编程人员可以根据具体的需求选择设置需要的模板（设置方法见项目 7 的任务 6）。

如图 3.27 所示，点击主菜单的"报告预览"会出现打印预览界面。选择"当前子套裁"，然后点击"确定"，软件会根据当前子套裁自动生成套裁报告。

图 3.28 为当前子套裁报告。打开报告，可以查看到订单的加工时长、加工长度以及估价等（加工报告模板设置方法见项目 7 的任务 6）。

图 3.29 为订单报告，打开订单报告，则输出所有套裁的报告，具体参数在报告设置里面设置。

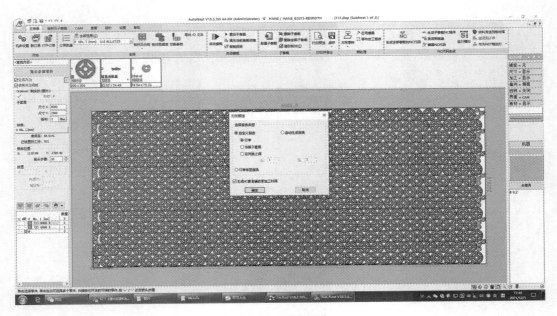

图 3.27　报告预览

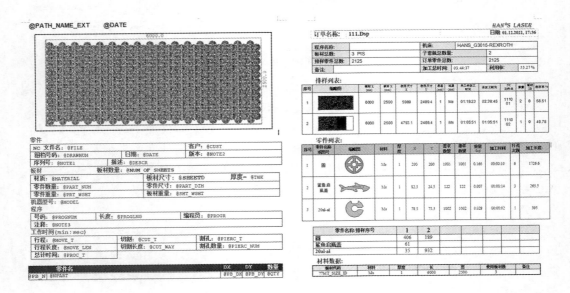

图 3.28　当前子套裁报告　　　　　　　　图 3.29　订单报告

任务 3　cncKad 路径处理流程

（1）导入零件

图 3.30 所示为 cncKad 软件打开后的界面，点击界面的"导入"即可进"输入文件"界面，在该界面添加需要编程的零件，选中零件后点击"确定"。如果当前的软件有多个机型的机器文件就会出现一个"选择机型"的弹窗，此时根据需要选择对应的机器文件即可，选中机型后点击"确定"。

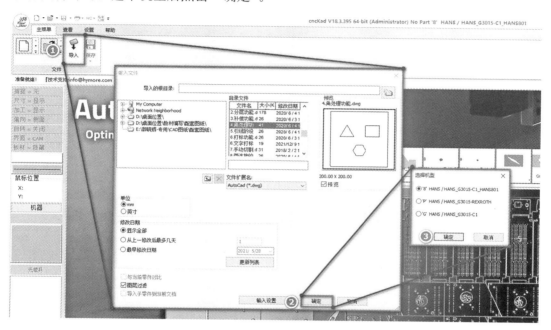

图 3.30　导入零件

如图 3.31 所示，在图形导入时会显示"图层过滤"的界面，此时可以选择导入的图层。如果图形的颜色和线型不是白色实线，还可将所有图层的轮廓转化为白色实线。当有其他特殊需求，如该轮廓不切割需要打标时，可以不修改图层及轮廓属性（一般软件只会自动为属性为白色实线的封闭轮廓添加切割处理）。图层过滤设置完毕后点击"确定"。

如图 3.32 所示，在"新建零件"界面设置软件生成的.DFT 文件的保存路径及文件名称，设置完成后点击"保存"（一般.DFT 文件保存在 CAD 文件的原文件夹）。

如图 3.33 所示，在"导入零件"界面设置零件的材质及厚度，设置完成后点击"确定"。如果没有对应的材质及厚度则需要手动进行创建，创建材质及厚度的教程见项目 7 的任务 3。

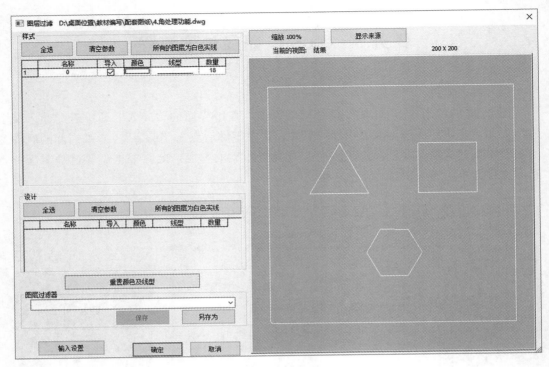

图 3.31　图层过滤

图 3.32　"新建零件"界面

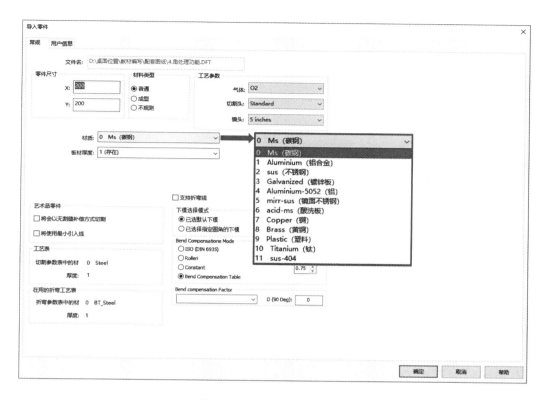

图 3.33　"导入零件"界面

图 3.34 所示为零件导入后的界面。

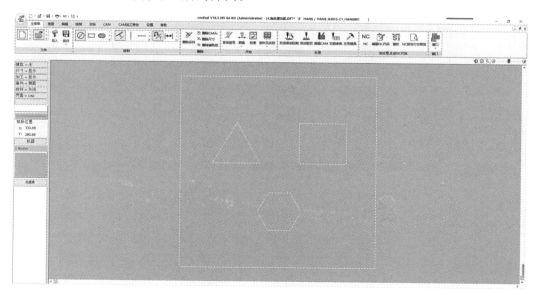

图 3.34　零件导入后的界面

（2）检查零件

导入零件到软件后首先需要对零件进行"检查"。使用 AutoNest 软件进行套料编程时，在"订单数量"界面的"图形处理"进行的就是检查零件的操作。

如图 3.35 为检查功能中的"检查参数"界面，检查功能可以进行自动标示未闭合轮廓、删除重复线、连接未闭合的间隙、删除小实体等操作，使用方法详见项目 4 的任务 3。

（3）设置切割参数

检查过实体后就需要进行切割参数设置。点击主菜单的"切割参数"，此时会出现如图 3.36 所示的"切割加工工艺表"界面，在这里可以对零件进行分层、引线、补偿、角处理等参数的设置，设置完成后点击"关闭"（一

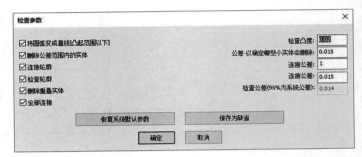

图 3.35　"检查参数"界面

般情况下针对当前厚度的各种设置修改过一次后，下次使用直接确定即可，每一个材质对应的厚度有一个单独的工艺库，所以在导入零件设置材质和厚度时要和实际切割相对应）。

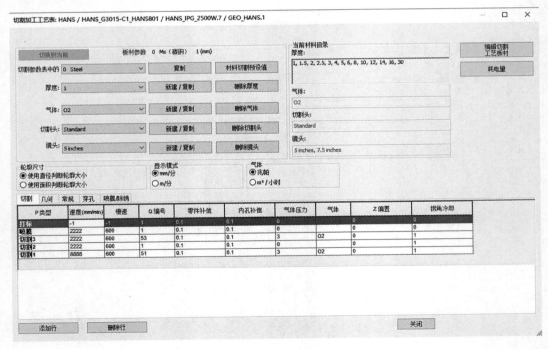

图 3.36　"切割加工工艺表"界面

（4）自动添加切割

点击"主菜单"的"自动添加切割"就会进入"自动添加切割"界面，如图 3.37 所示，"自动添加切割"界面包括自动添加切割、全局切割、切割优化、切割工艺、零件处理功能、轮廓搭接、特殊加工处理这 7 个子界面，每一个子界面都有不同的参数设置。设置完成后点击"运行"。在"自动添加切割"界面经常需要设置的功能如下。

自动添加切割：边角处理、引线、共边；

全局切割：角处理参数；

切割优化：切割顺序；

切割工艺：文本处理、小孔处理、未闭合的有色轮廓的处理、喷膜、预穿孔；

零件处理功能：微连接、暂停、切碎孔、桥接；

轮廓搭接：轮廓搭接。

图 3.37　"自动添加切割"界面

图 3.38 为添加切割加工路径后的界面。

（5）设置板料及夹钳

图 3.39 为点击"主菜单"的"板料及夹钳"后弹出的界面，该界面包括板材、自动、零件、全局切割、切割参数等子界面。在这些界面可以进行一些不同功能的设置，设置完成后点击"确定"。在"设置板料及夹钳"界面经常需要设置的功能如下。

板材：板材尺寸、数量、偏置；

切割参数：添加喷膜、添加预穿孔；

切割优化：优化切割顺序。

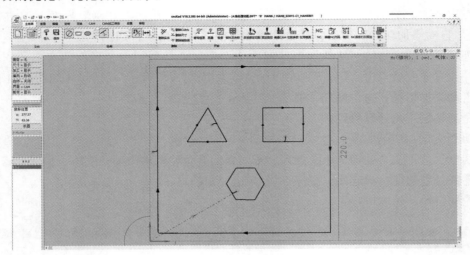

图 3.38　添加切割加工路径后界面

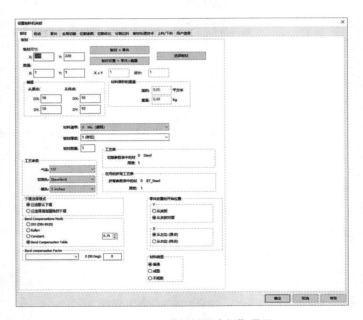

图 3.39　"设置板料及夹钳"界面

（6）NC 程序输出

NC 程序输出的步骤和使用 AutoNest 套料编程的步骤一致。

（7）NC 程序模拟

NC 程序模拟的步骤和使用 AutoNest 套料编程的步骤一致。

（8）NC 程序传输

NC 程序传输的步骤和使用 AutoNest 套料编程的步骤一致。

任务 4 手动排版流程

在 cncKad 软件 AutoNest 模式下进行套料编程时会用到"手动排版"，在有些情况下我们会用"手动排版"的功能对直接排布一张板的工件进行编程，有时用"手动排版"来优化自动生成的排版排布的工件。

鼠标左键双击零件之后可以在板材内部添加零件，鼠标左键选中已排版的零件后会出现手动排版菜单栏。图 3.40 为手动排版菜单栏。手动排版的功能主要分为编辑、零件调整、编辑零件、组合、显示及颜色五类。

图 3.40 手动排版菜单栏

（1）编辑

图 3.41 为手动排版的"编辑"界面。

"返回"：快捷键"Ctrl+Z"，可以撤销上一步的操作；

"重做"：可以恢复返回的操作；

"全选"：快捷键"Ctrl+A"，可以选择所有零件；

"粘贴"：快捷键"Ctrl+V"，可以粘贴复制或剪切的零件；

"切割"：即为"剪切"，快捷键"Shift+Delete"，可以用于剪切零件；

图 3.41 "编辑"界面

"复制"：快捷键"Ctrl+C"，可以用于复制零件。

"删除"：快捷键"Delete"，可以删除选中的零件。

（2）零件调整

零件调整常用的功能有无干涉模式、零件移动、零件对齐、零件旋转及零件镜像。

①无干涉模式。

如图 3.42 所示，点击手动套裁菜单栏下方的"无干涉模式"即可在鼠标拖动零件排版时防止零件之间产生干涉，再次点击会关闭"无干涉模式"。

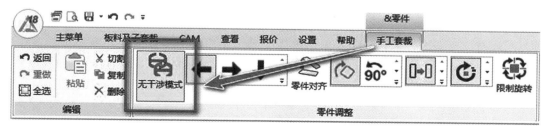

图 3.42 无干涉模式

在进行软件手动排版时，如果关闭"无干涉模式"就会出现两个或者多个零件干涉的情况，零件之间产生干涉时干涉的零件会变红。图 3.43 为零件之间发生干涉的情况。

如图 3.44 所示，在激活"无干涉模式"的情况下，鼠标在拖动要添加的工件时，当要添加工件贴近已排版工件边界时会自动限制零件去干涉已排版工件，此时零件之间会保持正常设置的零件间的间隔。

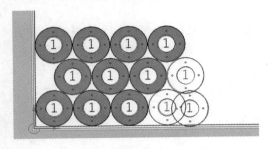

图 3.43　零件之间发生干涉

图 3.44　"无干涉模式"下排版

②零件移动。

无论是在手动排版时还是在进行对已排版的零件位置进行调整时都会用到零件移动功能。

鼠标左键双击零件库零件可以在板材内部任意合适位置添加排布零件。鼠标左键选中板材内的零件，点击键盘上的"W、A、S、D"可以控制选中的零件移动到板材的"最上、最左、最下、最右"的位置。如图 3.45 所示，选中零件后点击"手工套裁"菜单栏下"零件位置调整"区域的上下左右箭头也可以控制零件移动位置。

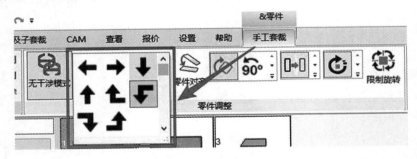

图 3.45　零件移动

图 3.46 为鼠标及零件信息栏，鼠标位置区域有一个"箭头步骤"，使用"箭头步骤"可以选中零件进行精确移动。单击鼠标左键选中需要的零件或者用鼠标框选多个零件，在箭头步骤输入需要移动的距离如"10 mm"，点击键盘上的"上下左右"箭头即可控制选中的零件沿着对应箭头方向移动 10 mm 的距离。此方法一般用于共边排版的零件位置调整。

③零件对齐。

如图 3.47 所示，点击"手工套裁"菜单栏的"零件对齐"，鼠标左键分别点击图中的两个轮廓，在第二个轮廓选中后会出现三个点，三个点分别表示左对齐、居中对齐、右对齐。选择合适的对齐方式后两个零件就会以选中的两个边进行零件对齐。注意：圆弧形轮廓无法零件对齐。

④零件旋转。

零件旋转是在进行手动排布零件时常用的功能。

a. 鼠标选中板材中的零件，单击右键可以控制零件逆时针旋转 90°，再次单击右键则再次旋转 90°。

b. 鼠标选中板材中的零件，单击右键不松开可以拖动零件旋转任意角度。

c. 如图 3.46 所示，鼠标选中零件，在鼠标及零件信息栏的"放置"的角度位置输入角度即可控制选中零件旋转对应的角度。

⑤零件镜像。

如图 3.48 所示，鼠标选中零件，点击"手工套裁"菜单栏下的"X 轴镜像""Y 轴镜像"即可控制选中的工件进行对应方式的镜像。

（3）编辑零件

如图 3.49 所示，在"手工套裁"的编辑零件区域有零件相关的编辑功能，可以对零件排版进行阵列、复制、移除，可以对零件加工路径和零件间隔区域进行编辑，可以将选中工件替换为其他工件。使用"零件信息"可以编辑零件的间隔区、旋转角度、镜像、锁定等设置。

图 3.46　鼠标及零件信息栏

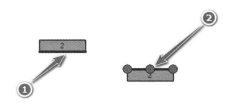

图 3.47　零件对齐

图 3.48　零件镜像

（4）组合

如图 3.50 所示，将需要组合的工件进行合适的排布之后框选需要组合的所有工件，点击"手工套裁"菜单栏下的"组合"，此时就会生成一个"Group"的组合，在进行零件排版时就可以使用该组合进行排版。

图 3.49　编辑零件

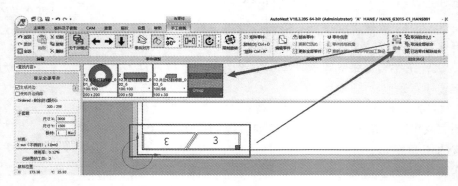

图 3.50　组合

如图 3.51 所示，点击"自动套裁"，再点击"高级的⋯"会弹出一个"自动套裁高级参数"窗口，在这里勾选"产生组合"。在进行自动套裁时软件会自动生成合适的零件组合。

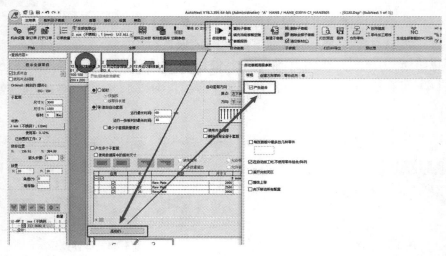

图 3.51　自动套裁—产生组合

（5）填充零件

点击"手工套裁"菜单栏下的"填充零件"可以选择零件内部颜色是否填充，未填充零件和填充零件对比如图 3.52 所示。

（6）快捷栏

如图 3.53 所示，在 AutoNest 模式下的右下角有一个快捷工具栏，里边有一些常用功能的快捷方式。

无干涉模式：激活无干涉模式在手动排版时可以避免零件之间发生干涉。

切换中英文界面：点击它可以快速切换软件为英文界面，需要从英文界面切换回中文界面详见项目 7 的任务 1。

问题报告：可以快速生成问题报告，问题报告操作流程详见项目 7 的任务 5。

加工路径显示：通过该快捷方式可以快速切换 AutoNest 模式下的零件以色块的方式显示或以加工路径的方式显示。该功能在 AutoNest 模式下的"查看"菜单栏。

填充零件：如图 3.52 所示为零件填充前后的显示界面。

显示整版：可以快速调节零件排版界面的整版缩放，类似 CAD 软件绘图时双击鼠标中键。

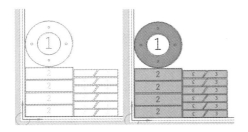

图 3.52　未填充零件（左）、填充零件（右）

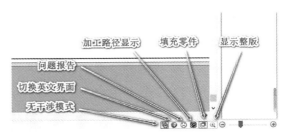

图 3.53　快捷工具栏

课后习题

一、判断题

1. cncKad 编程软件有 cncKad 模式和 AutoNest 模式两种模式。　　　　（　　）

2. 对零件导入后使用"一键自动处理"进行处理，可以一键同时完成"图形处理"和"自动添加切割处理"两步的操作。　　　　（　　）

3. 将零件排布到板材上主要的两种方式为自动套裁和手动排版。　　　　（　　）

4. 将设置好的程序发送到机床一般有三种方式：使用局域网共享、使用 U 盘传输、使用网络发送。　　　　（　　）

5. 加工报告一般有两种：一种是订单报告，一种是当前子套裁报告。　　　　（　　）

二、简答题

1. 请简述 AutoNest 套料编程流程。

2. 请简述 cncKad 路径编程流程。

项目 4

CAD 零件图编辑

项目描述

本项目主要讲解 cncKad 和 AutoNest 两个模式下软件的功能的使用。cncKad 模式下对加工路径处理的功能比 AutoNest 模式下的更加专业，AutoNest 模式下更侧重于对工件的排版。项目 3 介绍了软件编程的流程，其中有一个步骤是当零件导入软件后的第一步操作"检查"，检查的目的就是发现零件在画图时的问题，并对问题进行处理。软件除了有检查功能，还支持一些简单的 CAD 绘图功能，在生产现场零件图的绘制一般由 CAD 来完成，软件自带的绘图功能不常用，但是可以在没有专业的 CAD 软件时用来应急画图或者编辑、修改一些导入的零件图形。

本项目介绍软件的 CAD 零件图编辑的相关功能以及检查和实体平顺功能，让学生对软件的绘制功能有清晰的了解，并可以在实际的工作中熟练应用。

任务 1　绘制零件图

绘图功能是 cncKad 软件的一项基础功能，在 cncKad 软件里可以进行简单的图形绘制和对导入的图形进行修改。图 4.1 是"绘制"菜单栏的一些功能，接下来为大家一一讲解。

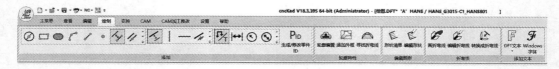

图 4.1　"绘制"菜单栏

（1）新建零件

新建零件可以新建"矩形零件"也可以使用"零件库"。

①如图 4.2 所示，打开 cncKad 软件，点击"新建零件"。

②如图 4.3 所示，在"新建零件"界面可以设置新建零件的保存路径和零件名称。文件路径选择".DFT 文件"的文件夹，文件名称为"绘制"。

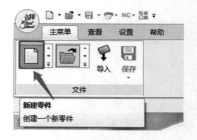

图 4.2　新建零件

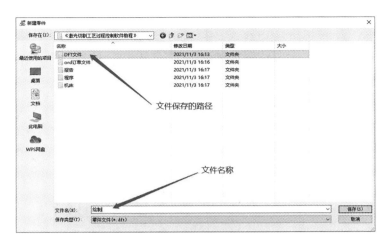

图 4.3　设置文件名称及保存路径

③如图 4.4 所示，在"常规"界面可以新建矩形零件。设置零件的大小为 500 mm ×360 mm。输入 X 为"500"，Y 为"360"，材质为"SUS"不锈钢，厚度为"1 mm"，零件类型为"矩形零件"。设置完成后点击"确定"，此时就生成了如图 4.5 的 500 mm ×360 mm 矩形零件。

图 4.4　新建矩形零件

④如图 4.6 所示，可以使用零件库新建零件。在"新建零件"界面勾选"零件库"，此时会出现零件库的界面。在这里有 21 个设计好的零件样式可以选择。选择"LPN002"，点击"确定"。如图 4.7 所示，输入零件的尺寸 A＝500、B＝480、C＝80、D＝80。图 4.8 为使用零件库创建的零件。

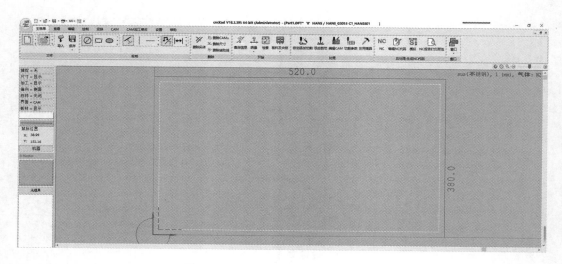

图 4.5　500 mm×360 mm 的矩形零件

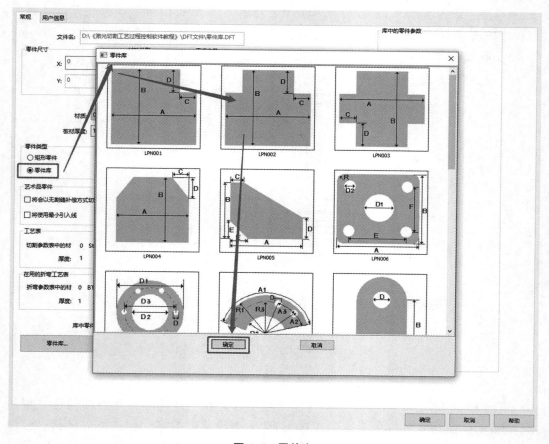

图 4.6　零件库

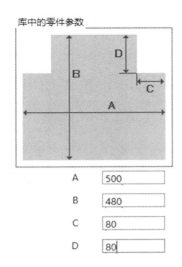

图 4.7　设置零件尺寸

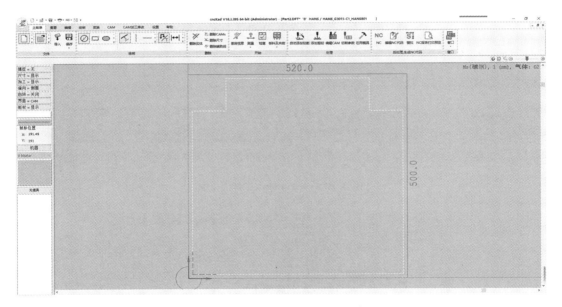

图 4.8　使用零件库创建的零件

（2）绘制实体

如图 4.9 所示，在 cncKad 软件的"绘制"菜单栏下方有绘制点、线、圆、圆弧等实体轮廓的功能。

实际生产过程中创建零件一般是采用 CAD 等专业的制图软件，cncKad 软件的绘制功能只是用于辅助编程，如对导入图形问题进行简单的编辑。由于该软件功能主要侧重于编程，且软件绘制实体的功能操作简单，所以本节不做详细讲解。

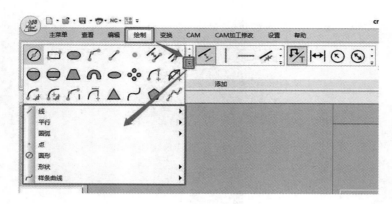

图 4.9　绘制实体功能

（3）绘制文本

在对零件进行编程处理时会有对文本进行打标或者切割的要求，软件只可以对字母和数字格式的文本进行自动的"文本处理"，如果使用"自动添加切割→文本处理方式"处理汉字文本则会出现乱码，所以要对文字进行打标或者切割处理就首先需要将文本变成线条（导入图形时将文本变成线条的功能详见项目 5 任务 4）。本节介绍如何使用 cncKad 软件绘制线条样式的文本。

如图 4.10 所示，点击"绘制"，选择"Windows 字体"功能，此时会弹出设置字体的"文本"界面，如图 4.11 所示。

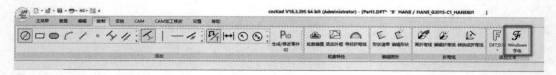

图 4.10　"Windows 字体"功能

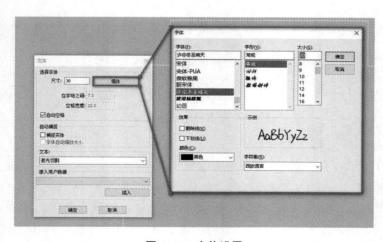

图 4.11　字体设置

在"文本"界面可以对要绘制的线条文本进行设置：

①"尺寸"为字体的高度，可以根据实际需求进行设置；

②"楷体"是当前设置的字体，点击它后在右侧出现弹窗，可以在该弹窗根据需求设置字体的格式；

③当勾选"自动捕捉"下的"捕捉实体"选项后，在放置文字时会激活捕捉功能，一般不勾选；

④"文本"为要输入的文本。

这里字体高度设置为"30"，字体选择"许你冬至晴天"，字形选择"常规"，文本输入"激光切割"，点击"确定"。拖动鼠标到零件合适位置，点击鼠标左键确认插入绘制的线条样式文本，点击"ESC"键退出，绘制后的线条文本如图 4.12 所示。

图 4.12　绘制后的线条文本

任务2　编辑零件图

cncKad 软件除了可以为导入的图形添加加工路径，还可以编辑导入的图形。图4.13 所示为软件"编辑"菜单栏，"编辑"菜单栏下的功能有删除（实体/CAMs/尺寸/辅助线）、分割、连接、倒斜角、圆角、剪断、延伸、钣金缺口、折弯工艺孔、修改属性、为字体建立桥接等。在实际的应用过程中比较常用的功能为删除、修改属性和桥接字体。

图 4.13　"编辑"菜单栏

（1）删除选定

删除是编辑功能里最经常用到的一个功能，删除功能的使用有两种方式：

①点击"编辑"菜单栏下对应的删除功能，此时会显示如图 4.14 所示的"选项"菜单栏，"选项"菜单栏里常用的是"A 全部"和"W 窗口"。"A 全部"是选择全部，"W 窗口"是框选。鼠标点击"W 窗口"，然后框选需要删除的元素，最后按回车键或鼠标中键确认删除。

图 4.14 "选项"菜单栏

②点击鼠标左键不动，框选需要删除的实体，松开鼠标左键，点击鼠标右键，此时会出现一个右键的菜单，如图 4.15 所示，在右键的菜单里点击"删除实体"，此时选中的实体就会被删除。删除 CAMs 和删除辅助线同理。

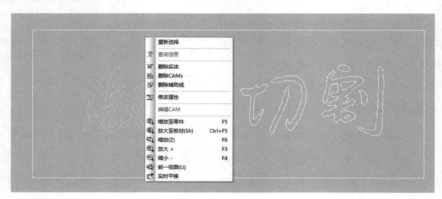

图 4.15 右键删除实体

（2）编辑实体

编辑实体子菜单栏包括分割、连接、倒斜角、圆角、剪断、延伸、钣金缺口、折弯工艺孔等功能。这些功能的作用分别为

分割：将实体一分为二；

连接：将两个同向直线合并为一条直线或将两个同心圆弧合并为一个圆弧；

倒斜角：可以生成一个分别距离实体 1 和实体 2 一点距离的斜角；

圆角：可以设置为一个角、一个轮廓或一个零件添加一定半径的圆角；

剪断：在交叉线之前剪断；

延伸：把一个实体延伸到另外一个实体或辅助线；

钣金缺口：为零件添加钣金缺口；

折弯工艺孔：预留折弯工艺孔。

点击"编辑"就会看到这些编辑实体的功能，选中需要的功能之后在工具栏的下方会有操作的信息提示，如图 4.16 所示，按照提示信息的操作即可完成对应功能的操作，本节不做详细讲解。

（3）修改属性

图 4.17 所示的图形是一个带线条样式文字的 CAD 图形，在使用 CAM 软件编程时

图 4.16　编辑实体信息提示

软件只会对封闭的白色实体进行加工，如果想对未封闭的轮廓进行加工处理或是对线条样式文字进行打标处理就需要修改对应实体的属性。

修改属性的操作有以下两种：

①点击"编辑"，选择"修改属性"，在"选项"菜单栏选择合适的方式后选中需要修改属性的实体，按回车键或按鼠标中键确认，此时会弹出修改属性的窗口，如图 4.18 所示，点击"选择颜色"，此时会有九种颜色可以选择，选择"蓝色"，点击"选择线型"，此时会有五种线型可以选择，选择"实线"，然后点击"修改"，此时选中实体的属性就会变成蓝色实线。

图 4.17　有文字的图形

图 4.18　修改属性

②直接鼠标左键按住不动框，选择需要修改属性的实体，松开鼠标左键，点击鼠标右键，选择"修改属性"，此时就会出现如图 4.19 所示弹窗，之后的操作和使用"编辑"菜单的"修改属性"一样。设置需要的颜色和线型，然后点击"修改"，此时选中实体的属性就会变成需要的颜色和线型。

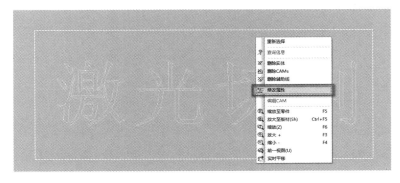

图 4.19　右键修改属性

（4）为字体建立桥接

图 4.20 为线条样式文字的 CAD 图形，在实际生产过程中如果要对文字进行切割的话就需要对文字的线条进行桥接处理，否则加工出来的文字会残缺不全。如"白""日""口"这些样式的文字在文本线条变成双线条的路径之后，按照整个零件为单位来看会出现内轮廓之内还有内内轮廓的情况，内内轮廓是需要保留的轮廓，不允许切掉。不让内内轮廓随废料掉落就需要为内内轮廓添加桥接让内内轮廓和零件成为一个整体，如果没有添加桥接使内内轮廓和零件相连，就会出现需要保留的内内轮廓被切割掉落的情况，甚至在切割顺序为先加工内轮廓再加工内内轮廓时就会出现内轮廓掉入废料车，内内轮廓加工时切割头碰撞支撑条的情况。

图 4.20　有文字的图形

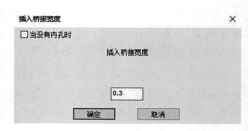

图 4.21　插入桥接宽度

点击"编辑"选择"为字体建立桥接"功能，此时会有弹窗"插入桥接宽度"，如图 4.21 所示。设置插入桥接宽度为"0.3"（单位 mm）（此数值为在氮气切割 1 mm 不锈钢时采用的最小建议数值，低于此数值无法保证轮廓加工效果。在生产现场可根据在切割时的板材厚度和切割过后内内轮廓是否掉落修改桥接宽度，宽度越宽连接越稳定），点击"确定"。

如图 4.22 所示，点击鼠标左键，在合适的位置添加桥接，桥接的位置就是"鼠标滑过线段"的位置（自动添加桥接只可以是水平或竖直方向），按回车键或鼠标中键确认添加桥接。如图 4.23 所示，此时桥接就添加完成了。注意：如图 4.21 所示，若没有勾选"当没有内孔时"，只有当红色线段完全贯穿内孔时才会添加桥接，对没有内孔的实体添加桥接需要勾选"当没有内孔时"。

图 4.22　桥接线段

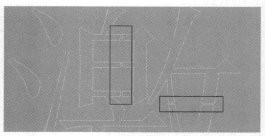

图 4.23　添加桥接后的文字

任务 3　检查及实体平顺

在编程的时候客户提供的 CAD 图纸可能会存在一些问题，比如重复线、断线等。如果在加工的过程中这些重复线、断线的问题没有被解决，那么加工出来的工件就会出现一些缺陷。如：

①如果有重复线的存在，在加工之后就会出现一条路径切两遍的情况；

②如果有内轮廓未闭合，就会出现该内轮廓未自动添加加工的情况；

③如果有外轮廓未闭合，就会出现外轮廓未加工而软件识别内轮廓为外轮廓的情况。由于软件识别内轮廓为外轮廓，则内轮廓的引线就会添加在零件的内部，进而破坏工件。

除此之外在导入 CAD 图形的时候还有一些其他问题，而且这些问题在大部分情况下不易被发现，所以在图形导入软件之后第一步就是要对图形进行检查。

（1）检查功能

如图 4.24 所示，点击"主菜单"栏下面"检查"后会出现"检查参数"窗口，点击"确定"，此时软件就会对导入图形进行检查及自动修复。一般情况下按照软件的默认参数即可修复图形的问题。如果没有修复可以通过修改参数和使用"编辑"菜单栏下的功能进行手动修复。

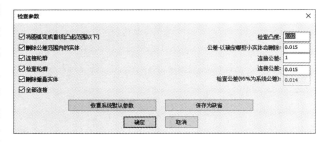

图 4.24　"检查参数"窗口

如图 4.25 所示为导入的问题图形。

外轮廓左上角和右下角均有 2.0 mm 的不闭合，检查的"连接轮廓"的"连接公差"要改为"2.0 mm"。

外轮廓右侧实体有一条重复线，检查的"删除重叠实体"会自动处理。

内轮廓有 0.2 mm 和 2.0 mm 的两条未闭合轮廓，检查的删除公差最大为"0.5 mm"，2.0 mm 的直线需要使用"删除实体"删除。

矩形内轮廓有 2.0 mm 未闭合，检查的"连接轮廓"的"连接公差"要改为

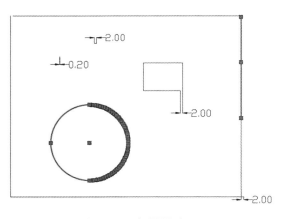

图 4.25　问题图形

"2.0 mm"。

圆形内轮廓是由多条直线组成的圆形，需要使用实体平顺。

如图 4.26 所示为检查后的零件，图形的重复线被删除，断线被连接，点依然存在（软件不加工点），小于设定值的未封闭的线段被删除，大于设定值的未封闭线段被保留。

（2）实体平顺

如图 4.27 和 4.28 所示，点击"变换"，点击"实体平顺"，此时会弹出一个"圆滑过渡实体"窗口。选择"实体平顺"，点击"确定"，框选圆形的内轮廓，按回车键或鼠标中键，此

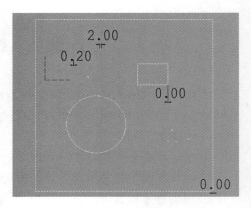

图 4.26　检查后的零件

时实体平顺就处理完成。实体平顺的参数一般使用系统默认设置，"最大凸度"越大对路径的平顺力度越大，平顺的变化越大图形会越失真。

图 4.27　实体平顺

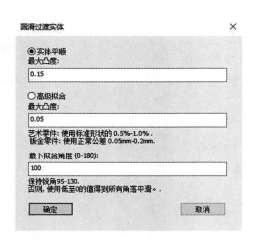

图 4.28　"圆滑过渡实体"窗口

高级拟合和实体平顺作用相同，目的都是要将轮廓曲线变得流畅没有拐点。参数也是使用默认参数即可，参数值越大拟合的线条越多。

如图 4.29 所示，实体平顺结束软件提示"51 线段与 1 圆弧'被替换'0 线段、0 圆弧与 1 圆"。

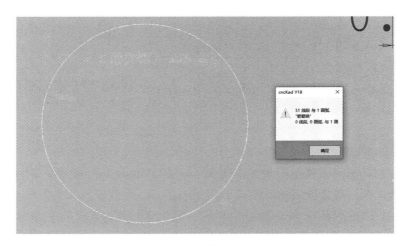

图 4.29　实体平顺完成

课后习题

判断题

1. cncKad 软件可以将汉字格式的文本进行自动打标处理。　　　　　（　　）

2. 字体桥接功能能够保证激光加工字体的完整性。　　　　　　　　（　　）

3. 检查功能可以发现图形中的不易被处理的细微问题，如重复线、内外轮廓未闭合等。　　　　　　　　　　　　　　　　　　　　　　　　　　　　（　　）

4. 由很多细小线段或圆弧组合成的轮廓不需要使用实体平顺。　　　（　　）

5. 使用"自动添加切割"的"切割工艺"可以对未封闭的轮廓进行加工处理。
　　　　　　　　　　　　　　　　　　　　　　　　　　　　　　（　　）

项目 5

加工路径处理

项目描述

零件在切割时需要根据板材的不同材质、不同厚度为不同的轮廓添加不同的处理方式。轮廓的类型一般分为闭合轮廓、未封闭轮廓、字母数字和汉字等。

闭合轮廓：闭合轮廓的加工一般采用自动添加切割的方式。编程时按照设置的尺寸范围可以将闭合轮廓分为大轮廓、中轮廓、小轮廓和小孔。其中大轮廓、中轮廓、小轮廓在切割时可以分别设置不同的切割工艺参数、切割补偿引线方式，小孔的处理方式可以选择点标记、穿孔和不处理。

未封闭轮廓：未封闭轮廓可以自动添加切割，也可以手动添加切割。切割时未封闭轮廓的加工方式一般有切割和打标两种方式。

字母数字：字母数字在软件里被视为文本。针对文本的加工方式只有打标，如果需要切割就需要先将字母数字变成线条之后再添加切割。

汉字：汉字在软件里也被视为文本。针对汉字无法直接添加打标，如果需要对汉字进行加工就需要首先将汉字变成线条。

本项目介绍 CAM 软件对加工路径处理的功能，如分层、引线设置、补偿、打标等功能。通过本项目的学习，可以让学生学会添加加工路径。

任务 1 激光分层

在激光切割加工的时候，由于轮廓的大小不同和要求的加工效果不同，需要为工件的轮廓进行分层，针对不同层可以为工件设置不同的切割工艺参数、补偿、引线。

（1）分层切割

如图 5.1 所示的是一个导入软件的 CAD 图形，其内部有三个孔、一个矩形和一条直线，三个孔的直径分别为 5 mm、10 mm、20 mm，矩形的尺寸为75.49 mm×41.72 mm。

现在需要为其三个孔添加分层，φ20 mm 的孔为

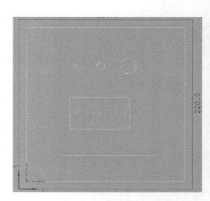

图 5.1 分层切割 CAD 图形

第一层，φ10 mm 的孔为第二层，φ5 mm 的孔为第三层。

在 cncKad 软件中，选择"主菜单"，然后点击"切割参数"，打开如图 5.2 所示的切割参数设置窗口。设置轮廓尺寸的判断方式为"使用直径判断轮廓大小"。切换到"几何"界面，点击"添加行"，将切割 1、切割 2、切割 3 添加进"几何"界面，在"几何"界面分别为三个切割层的轮廓设置最小/最大阈值（单位：mm）：第三层 3/8、第二层 8/12、第一层 12/9999。

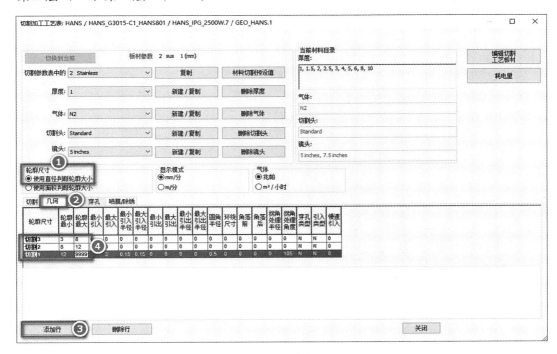

图 5.2　切割参数设置

点击"自动添加切割"，软件就自动为零件添加切割，此时可以通过加工路径的颜色来判断该轮廓属于第几层。灰色背景下加工路径显示橙色为第三层、红色为第二层、黑色为第一层（黑色背景下加工路径显示黄色为切割第一层、红色为切割第二层、橙色为切割第三层）。图 5.3 所示为分层切割效果图。

图 5.3　分层切割效果图

采用此种方式可以为直径大于 3 mm 的轮廓添加加工，但是如果轮廓的尺寸小于设置的最小阈值，轮廓会被软件认定为小孔，需要进行小孔处理。

（2）小孔处理

现在需要为三个内孔添加分层，ϕ20 mm 的孔为第二层，ϕ10 mm 的孔为第三层，ϕ5 mm 的孔为小孔。

在 cncKad 软件，选择"主菜单"，然后点击"切割参数"，打开如图 5.4 所示的切割参数设置窗口。设置轮廓尺寸的判断方式为"使用直径判断轮廓大小"。切换到"几何"界面，点击"添加行"，将切割 1、切割 2、切割 3 添加进"几何"界面，在"几何"界面分别为三个切割层的轮廓设置最小/最大阈值（单位：mm）：第三层 8/12、第二层 12/26、第一层 26/9999。

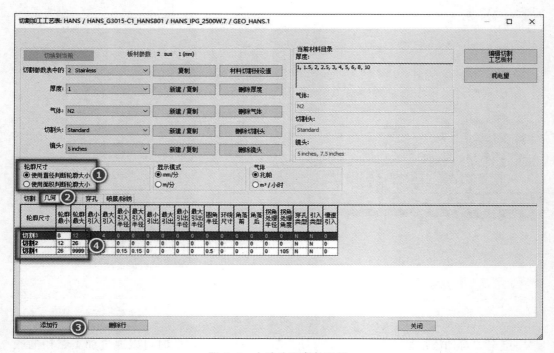

图 5.4　小孔分层参数设置

点击自动添加切割，软件就自动为零件添加切割工序。此时可以通过加工路径的演示来判断该轮廓属于第几层。灰色背景下黑色为切割第一层、红色为切割第二层、橙色为切割第三层，未添加切割的为小孔。

小孔一般为激光加工无法完成的轮廓，其孔径小于激光切割在当前材质厚度可以加工的最小孔径。针对这种轮廓就只能用其他工序来加工。软件对小孔的处理方式有三种：无、点标记、穿孔。

如图 5.5 所示，小孔的处理方式在软件的"主菜单"→"自动添加切割"→"切割工艺"进行设置。

① "无"就是不添加任何加工，如图 5.6 所示。

② "点标记"就是在孔中心位置打标，为下一道工序提供定位。小孔进行点标记

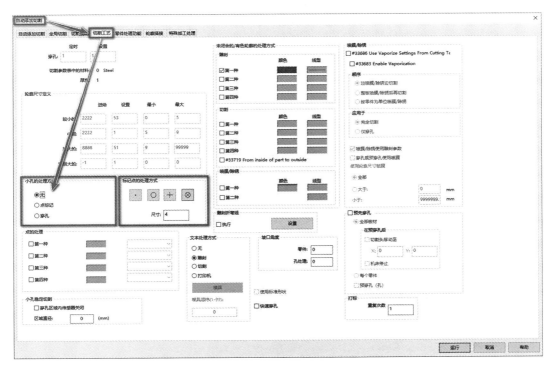

图 5.5　小孔的处理方式

处理的方式有四种：打标一个中心点、打标一个圆、打标一个十字架、打标一个内部十字架的圆。标记尺寸的大小可以根据需求设置。如图 5.7 所示为使用"点标记"方式处理小孔的示意图，此时的处理方式为将小孔标记为半径为 4 mm、内部为十字架的圆。

图 5.6　"无"方式处理小孔

③ "穿孔"就是在孔的中心位置穿一个孔不进行轮廓的切割。穿孔也可以起到为下一道工序定位的作用，但是穿孔会比打标的成本高。将小孔的处理方式设置为穿孔，一般会专门用于仅穿孔不切割的穿孔测试程序。如图 5.8 所示为"穿孔"方式处理小孔的示意图。

图 5.7　"点标记"方式处理小孔

图 5.8　"穿孔"方式处理小孔

（3）手动分层

一些轮廓需要单独分层，如某轮廓按照软件的设置来分层会将轮廓分到第一层，但是在加工时需要将软件分到其他的切割层，此时就需要手动分层。手动分层需要在完成添加加工处理工序的轮廓上进行修改。

现在要将图 5.8 中 φ10 mm 的孔手动分到第一层。如图 5.9 所示，使用鼠标左键点击选中该轮廓，然后点击鼠标右键，此时会出现一个菜单，点击菜单中的"编辑 CAM"，此时会进入"编辑轮廓切割"界面。

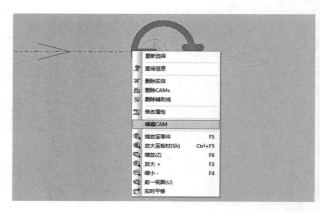

图 5.9　编辑 CAM

如图 5.10 所示，在"编辑轮廓切割"界面，取消"轮廓尺寸/切割速度"的"自动"，点击"轮廓尺寸"的下拉框，就可以按照需要修改当前编辑轮廓的切割层。此时选择"切割 1"，点击"确定"。

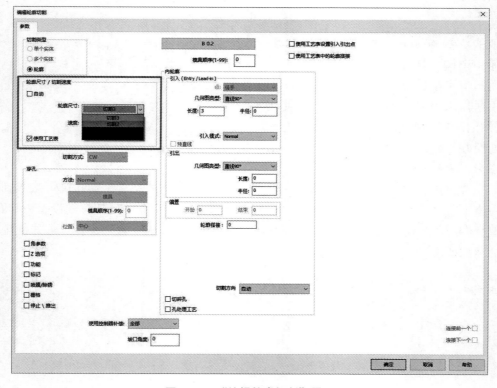

图 5.10　"编辑轮廓切割"界面

如图 5.11 所示，ϕ10 mm 的孔就被手动分到了"切割 1"。

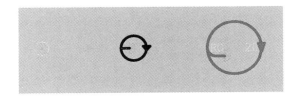

图 5.11　手动分层效果图

任务 2　添加引线

在激光加工的过程中为了避免穿孔对切割质量的影响，一般都采用在零件的外部穿孔，此时就需要用到引入线。引入线可以让切割从穿孔过渡到零件，引入线这一过渡阶段还可以让切割的气压逐步稳定从而优化切割断面的质量，所以添加合适的引入线对激光切割是非常重要的。

自动添加引入线的参数一般是在"自动添加切割"界面勾选"使用工艺表设置引入引出点"后在"切割参数"进行设置，也可以不勾选"使用工艺表设置引入引出点"而直接在"自动添加切割"界面进行设置。当引线位置不合适时，我们还可以采用手动修改或者软件自动修改的方式进行修改。

（1）使用切割参数表

还是以图 5.1 为例，使用切割参数表添加引线需要先为图中三个孔添加分层，然后为每一层设置引线参数。

如图 5.12 所示，在切割参数设置窗口，设置轮廓尺寸的判断方式为"使用直径判断轮廓大小"。切换到"几何"界面，点击"添加行"，将切割 1、切割 2、切割 3 添加进"几何"界面，在"几何"界面分别为三个切割层的轮廓设置最小/最大阈值（单位：mm）：第三层 3/8、第二层 8/12、第一层 12/9999。

第三层：最小引入 1 mm、最大引入 4 mm、最小引入半径 1 mm、最大引入半径 1 mm；

第二层：最小引入 4 mm、最大引入 5 mm、最小引入半径 1 mm、最大引入半径 1 mm；

第一层：最小引入 5 mm、最大引入 6 mm、最小引入半径 1 mm、最大引入半径 1 mm。

如图 5.13 所示，在"自动添加切割"界面，勾选"使用工艺参数表设置引入引出点"，设置完成后点击"运行"。此时工件的引线就会按照"切割参数"里的设置进行自动添加。

①使用工艺表设置引入引出点：意思是引入线的长度和圆弧半径按照切割参数表

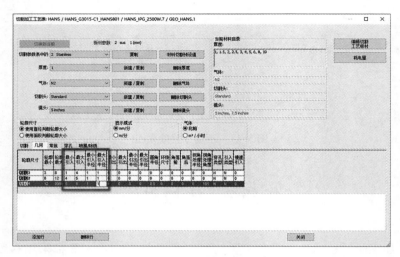

图 5.12　切割参数引线设置

的设置添加，如未勾选"使用工艺表设置引入引出点"则按照自动添加切割界面的设置添加。

②使用圆弧引入：勾选"使用圆弧引入"切割参数表里的圆弧半径才会生效，不勾选则只添加直线引入。

③内轮廓：勾选了"内轮廓"，自动添加切割运行时才会为零件内轮廓添加加工，不勾选则不加工。

④零件：勾选了"零件"，自动添加切割运行时才会为零件外轮廓添加加工，不勾选则不加工。

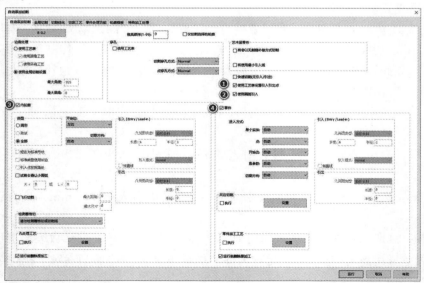

图 5.13　使用工艺表添加引线设置

如图 5.14 所示为已经添加引线及加工路径后的零件图形。

（2）使用自动添加切割

使用自动添加切割可以直接添加引线，此时的引线不会按照切割层来分别设置，而是会按照一个统一的参数标准来进行加工。

如图 5.15 所示，在"自动添加切割"界面进行如下设置：

①不勾选"使用工艺表设置引入引出点"，即使用"自动添加切割"添加引线。

②勾选"内轮廓"，即为零件的内轮廓添加加工。

③勾选"零件"，即为零件外轮廓添加加工。

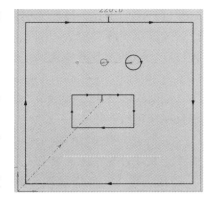

图 5.14　使用切割参数添加的引线及加工路径后的零件图形

④设置内轮廓引线长度为"6"（单位：mm，下同），半径为"1"。长度为直线引入的引线长度，半径为圆弧引入的半径，数值为"0"表示不加引线。

⑤设置外轮廓引线长度为"6"，半径为"1"。长度为直线引入的引线长度，半径为圆弧引入的半径，数值为"0"表示不加引线。

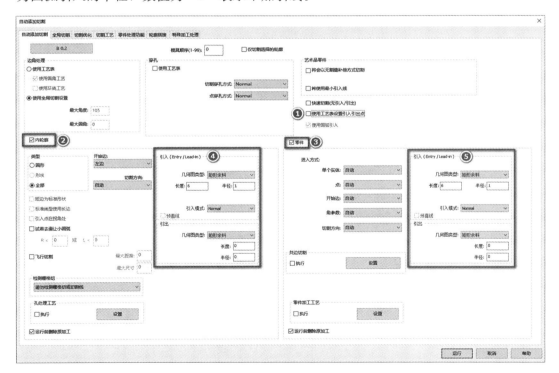

图 5.15　自动添加切割设置引线

设置完成后点击"运行"，此时工件的引线就会按照"自动添加切割"界面设置的参数进行添加引线，设置的引线长度为 6 mm、圆弧为 1 mm，如图 5.16 所示。当软件设置的最小引线长度大于圆孔的半径时，软件给圆孔自动添加的引线长度仅为圆孔半径长度。矩形等其他轮廓的引线的长度也会根据实际轮廓长度进行自动调整，不会破坏工件本身。

如图 5.15 所示，使用"自动添加切割"添加引入线还可以：

①勾选"快速切割（无引入/引出）"，此时机床会在零件轮廓上直接穿孔，没有引线。

②勾选"艺术品零件"中的"将使用最小引入线"，此时的引线参数来自"切割参数"的最小引线。

（3）手动编辑引线

在完成所需加工工序的添加后，针对引线的位置和引线的长度需要进行调整，此时就可以用到以下几个功能。

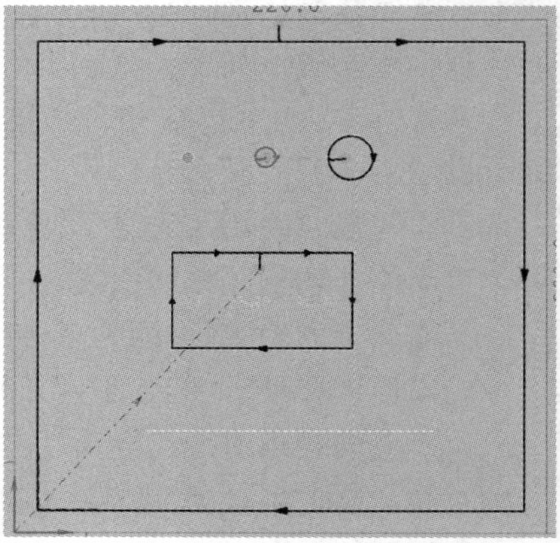

①修改轮廓引入点。如图 5.17 所示，使用

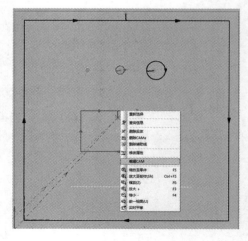

图 5.16　使用自动添加切割设置的引线

CAM 界面的"修改轮廓引入点"可以拖动引线移动到该轮廓的任意位置。

图 5.17　修改轮廓引入点

②编辑 CAM。如图 5.18 所示，选择需要编辑引线的轮廓，点击"右键"会出来一个右键菜单，在该菜单可以找到"编辑 CAM"，就会出现一个"编辑轮廓切割"的界面，如图 5.19 所示。在该界面可以进行引线编辑的操作：勾选"使用工艺表设置引入引出点"，就是使用工艺参数设置引入引出线，不勾选就会激活如图 5.19 中②的范围参数，这样就可以手动设置引入引出线的参数。

图 5.18　编辑 CAM—引线

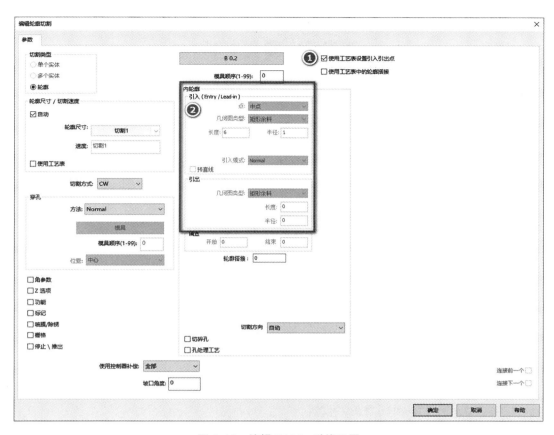

图 5.19　编辑 CAM—引线设置

③手动修改。鼠标左键长按点击需要修改引线的穿孔位置可以随意拖动修改引线的长度和引线的角度，当引线拖动至零件内部会破坏工件时软件就会有提示，如图5.20所示（一定要点"否"，否则会破坏工件）。

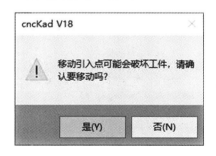

图 5.20　引线破坏工件提示

任务 3　零件补偿

在激光切割的过程中存在着材料的熔化和吹除，而且切割形成的割缝是有一定宽度的，如果未设置补偿值直接切割，那么切出来的外轮廓会偏小、内轮廓尺寸会偏大，所以在编程时为零件添加补偿是必要的。那么补偿值怎么添加？需要设置多大呢？

零件补偿有软件补偿和控制器补偿两种。软件补偿是直接将补偿值计算进入程序的路径里。控制器补偿是在程序里添加一个刀补的代码 G41、G42，在进行切割时根据实际情况将补偿值输入机床的补偿值参数里。软件补偿在切割复杂轮廓时的切割质量更好，控制器补偿更容易修改补偿值。

补偿值的大小需要根据实际切割的误差进行设置，假如一个 50 mm×50 mm 的矩形，不添加补偿切割出来的尺寸是 49 mm×49 mm，那么补偿值就设置为 1 mm；不添加补偿时切割出来的尺寸是 51 mm×51 mm，那么补偿值就设置为 −1 mm（外轮廓不添加补偿切割出来是偏小的，这里测量偏大仅做举例）。如果已经添加过补偿值了切割尺寸还有偏差怎么办？如果外轮廓补偿后还小 0.1 mm，就需要在原来的补偿值上增加 0.1 mm；如果外轮廓补偿后大了 0.2 mm，就需要在原来的补偿值上减小 0.2 mm。

（1）软件补偿

如图 5.21 所示，cncKad 软件补偿值的设置在"主界面"的"切割参数"里，补偿值可以按照切割层和内外轮廓分别设置。

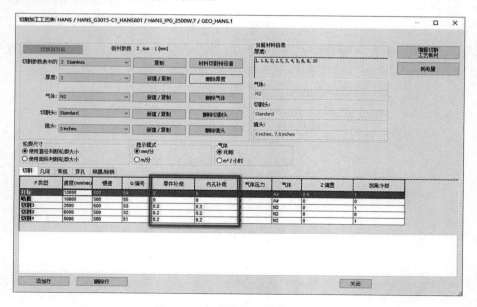

图 5.21　切割参数—补偿值设置

如图 5.22 所示，切割时激光束轴心的路径为左图内圈的路径，实际的光束直径（或者说割缝宽度）为右图实线所示，右图实线的轮廓外圈为加工后得到的轮廓。

如图 5.23 所示，显示路径宽度和不显示路径宽度两个模式可以点击"显示"菜单栏下方的"显示路径宽度［切割］Ctrl＋B"进行切换。

（2）控制器补偿

控制器补偿又叫机器补偿，补偿值的输入是需要在机床的工艺参数上进行添加的。当选择使用控制器补偿时，软件补偿就会失效。

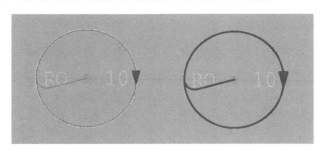

图 5.22 补偿值（左无路径宽度显示、右有路径宽度显示）

图 5.23 显示路径宽度

如图 5.24 所示，在"程序生成器选项"界面勾选"使用控制器补偿"，再点击"完成"，输出程序的软件补偿就会失效，默认使用控制器补偿。

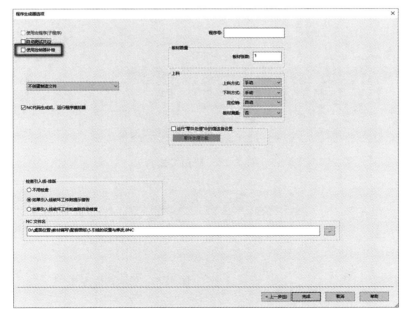

图 5.24 使用控制器补偿

任务4　激光打标

在激光切割需要加工的工件中有些是要求打标的，如钣金件的折弯线、工艺品打标图案和零件的编码等，所以打标的设置也是 CAM 软件一个很重要的功能。

如图 5.25 所示，图形内部有折弯线、闭合轮廓线、字母数字类型的文本，接下来依次讲解每种类型轮廓的打标方法。

（1）折弯线打标

针对折弯线打标有两种方式：雕刻实体和打标未封闭的有色轮廓。

①雕刻实体。

点击"CAM"菜单栏，找到"雕刻实体"功能，如图 5.26 所示，点击"雕刻实体"，此

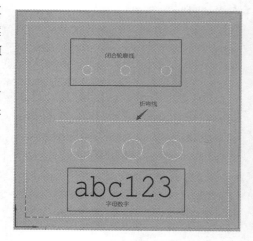

图 5.25　打标 CAD 图形

时会有一个设置模具顺序的弹窗，如图 5.27 所示，点击"确定"（模具顺序数值默认即可）。选择需要打标的轮廓，可以通过图 5.28 所示的几种不同的方式选择轮廓，其中最常用的方式有"单个"（通过鼠标点击选择轮廓）、"全部"（选择所有轮廓）、"窗口"（框选轮廓）三种，选择需要打标的折弯线之后按回车键或鼠标中键就会为选中的轮廓添加打标，如图 5.29 所示。

图 5.26　雕刻实体

图 5.27　模具顺序设置

图 5.28　轮廓选择方式

在为折弯线添加打标之后，再使用"自动添加切割"为其他轮廓添加切割，这时需要注意将"自动添加切割"弹窗最下方的"运行前删除原加工"取消勾选。如果勾

选"自动添加切割"，则会为工件重新添加一遍切割，之前单独设置的打标工艺会被更改，所以该勾选一定要取消。还有另一种方式就是先使用自动添加切割，然后再为打标线添加打标。

②打标未封闭的有色轮廓。

如图 5.30 所示，右键点击需要打标的折弯线，在弹出的菜单中选择"修改实体属性"，在打开的窗口中设置颜色为"蓝色"，线型为"实线"。

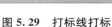

图 5.29　打标线打标

图 5.30　修改属性

如图 5.31 所示，修改完对应的折弯线的属性之后点击"自动添加切割"，进入"切割工艺"窗口。在"未闭合的/有色轮廓的处理方式"界面，在雕刻项目下方为打标线条设置对应的属性，设置颜色为"蓝色"，线型为"实线"，点击"运行"。

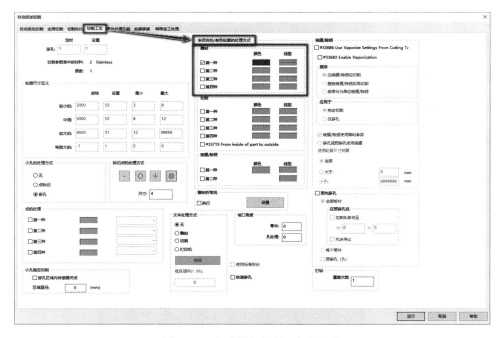

图 5.31　自动添加切割—切割工艺

如图 5.32 所示为添加切割后的路径，未封闭折弯线的处理方式为打标。

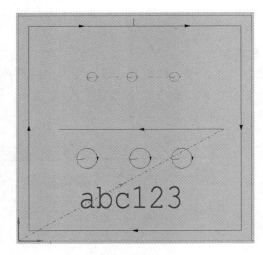

图 5.32　添加切割后的路径

（2）字母数字打标

如图 5.33 所示，字母数字的打标可以使用"自动添加切割"功能的"切割工艺"界面下的"文本处理方式"。

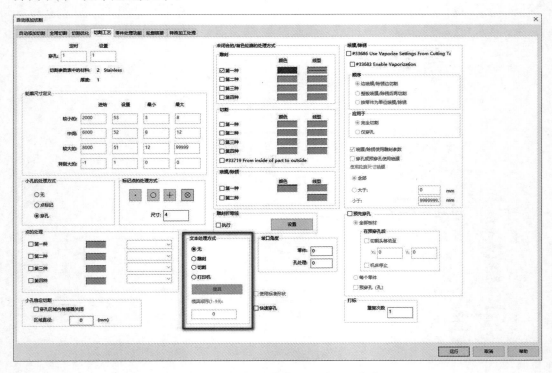

图 5.33　自动添加切割—文本处理方式

文本处理方式有四种：

①无，就是不处理；

②雕刻，就是对文本进行打标，如图 5.34 所示；

③切割，就是对文本进行切割，如图 5.35 所示；

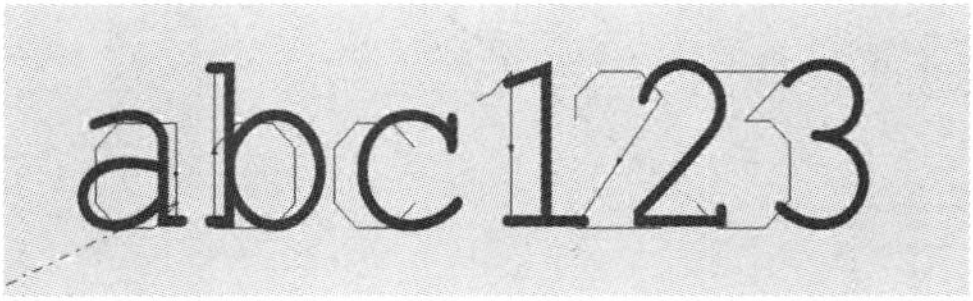

图 5.34 文本处理方式—雕刻

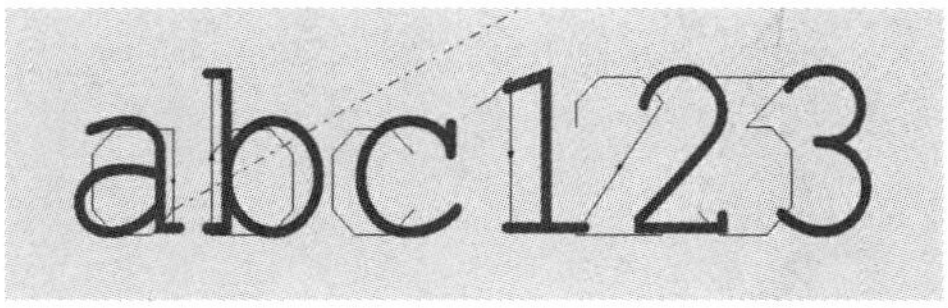

图 5.35 文本处理方式—切割

④打印机，一种在需要打印较多内容时使用的一种方式，如打印二维码，该方式需要增加一部专门用于打标的打印机，此方式需要联系软件厂家单独配置。

（3）汉字打标

如图 5.36 和图 5.37 所示，是在 CAD 添加的汉字。在图像导入 cncKad 之后字体会发生变化，且在使用文本处理方式来添加打标时字母数字文本可以正常打标，但是汉字的打标会出现乱码，这是因为 CAD 和软件本身字库不兼容，所以汉字是不可以使用"文本处理方式"来添加打标或者切割的。

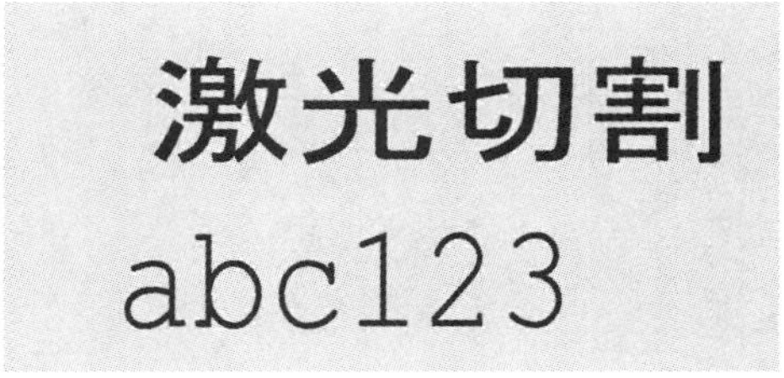

图 5.36 汉字打标 CAD 图形（导入前）

图 5.37 汉字打标 CAD 图形（导入后）

那么汉字应该如何打标呢？

汉字的打标需要先将汉字变成线条，然后修改汉字线条的属性，最后使用"非闭合的/有色轮廓的处理方式"。

将文本变为线条的操作步骤如下：

①点击"主菜单"下的"导入"，在弹出的窗口中点击"输入设置"，在"输入设置"窗口中勾选"文本全部转换成 Windows 字体"，如图 5.38 所示。图 5.39 所示为文本转换后的图形。

②选中需要打标的轮廓，点击右键修改属性，颜色为"蓝色"，线型为"实线"；

③选择"自动添加切割"功能，进入"切割工艺"界面，在"未闭合的/有色轮廓的处理方式"添加对应的颜色和线型到雕刻下方，点击"运行"。

图 5.40 所示为文本变线后且添加过切割路径的图形。

图 5.38 导入—输入设置

图 5.39 文本转换后的图形

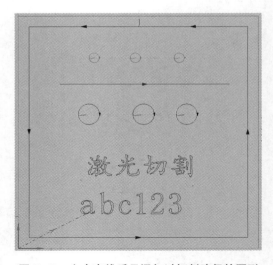

图 5.40 文本变线后且添加过切割路径的图形

汉字转化为线条还可以在 CAD 软件里进行。部分 CAD 产品有汉字变线功能，还有些 CAD 插件也可以实现汉字变线的功能。

（4）图案打标

图案打标和文本打标类似，都是由一些复杂的线条组合而成。由于图案本身就是线条，所以针对图案的打标就不需要进行文本变线处理，可直接修改图案的线条属性，然后将对应的属性设置进"自动添加切割"功能的"工艺参数"界面的"未闭合的/有色轮廓的处理方式"里。

任务5　添加剪切（手动切割）

在 cncKad"主菜单"界面有一个"添加剪切"的功能，该功能是为轮廓手动添加切割面使用的。点击"添加剪切"，打开的"添加剪切"界面如图 5.41 所示。使用"添加剪切"可以为选中的轮廓添加对应的加工。本节仅针对使用"添加剪切"功能为单个实体（图 5.42 中的①②③）、多个实体（图 5.42 中的④）、轮廓（图 5.42 中的⑤⑥⑦）添加加工进行讲解。

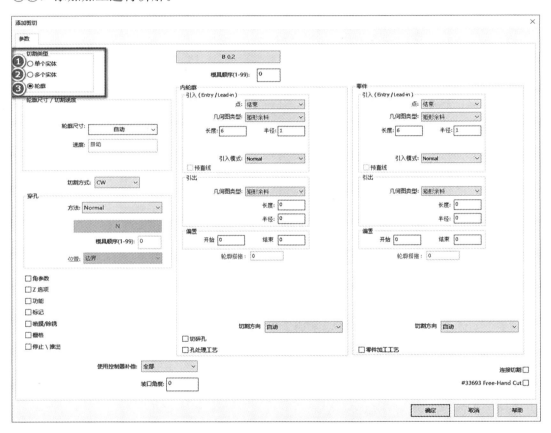

图 5.41　"添加剪切"界面

（1）单个实体剪切

在"添加剪切"界面中，勾选"单个实体"，之后设置该界面下的一些参数（此处参数设置和"自动添加切割""编辑 CAM"一样，一般保持默认即可），点击"确定"。

注意：由于是为需要切割的直线添加切割，为避免破坏工件一般设置引线为 0。

鼠标从直线①上方接近直线，选中①后单击鼠标左键确认添加。放大该直线，设置显示方式为"不显示路径宽度"，此时会发现该直线的加工路径在直线上方，也就是向上添加了补偿偏置。

鼠标从直线②下方接近直线，选中②后单击鼠标左键确认添加。放大该直线，设置显示方式为"不显示路径宽度"，此时会发现该直线的加工路径在直线下方，也就是向下添加了补偿偏置。

此时我们会发现在为实体添加剪切时，该实体的补偿会偏向鼠标接近的方向。使用下面两种方法可以在不添加偏置的情况下剪切直线：

①将该直线的切割补偿设置为"0"。

②使用"CAM"界面下的"切割未闭合轮廓"功能，点击该功能，软件会自动为未闭合的白色直线轮廓添加切割。

图 5.42　手动切割 CAD 图

为单个实体添加剪切的效果图如图 5.43 所示。

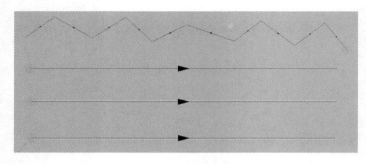

图 5.43　为单个实体添加剪切的效果图

（2）多个实体剪切

针对多个线条组成的实体添加加工需要将"添加剪切"功能的"切割类型"设置为"多个实体"，使用单个实体剪切来加工多个实体的缺点有：需要点击多次，一个实体点击一次才可以完全加工；每一次给单个实体添加加工就会添加一次穿孔，会产生工艺上的浪费。使用多个实体剪切会提升编程的效率。

在"添加剪切"界面中，勾选"多个实体"，之后设置该界面下的一些参数（参数设置和"自动添加切割""编辑 CAM"一样，一般保持默认即可），点击"确定"。

①如图 5.44 和 5.45 所示，鼠标依次从Ⓐ到Ⓑ选中折线④为其添加切割，此时会发现该直线切割路径会向折线上方补偿。

②如图 5.44 和 5.45 所示，鼠标依次从Ⓐ到Ⓓ选中折线④为其添加切割，此时会发现该直线切割路径会向折线上方补偿。

图 5.44　多个实体选择方式

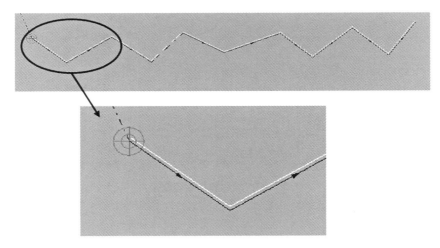

图 5.45 折线向上方补偿

③如图 5.44 和 5.46 所示，鼠标依次从ⓒ到Ⓑ选中折线④为其添加切割，此时会发现该直线切割路径会向折线下方补偿。

④如图 5.45 和 5.46 所示，鼠标依次从ⓒ到Ⓓ选中折线④为其添加切割，此时会发现该直线切割路径会向折线下方补偿。

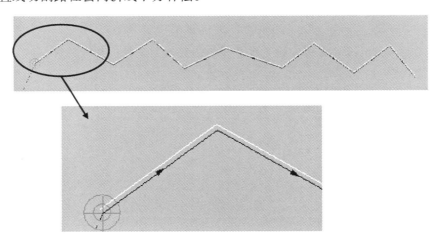

图 5.46 折线向下方补偿

如果不需要添加偏置可以使用"切割未闭合轮廓"功能。

（3）轮廓剪切

轮廓切割需要注意：针对圆形内轮廓要从轮廓内部选中工件，否则内轮廓的引线会添加在零件内部破坏工件；针对矩形内轮廓添加切割，不论从轮廓内部还是轮廓外部选中轮廓引线都会添加在工件内，进而破坏工件，如图 5.47 所示的报警提示。

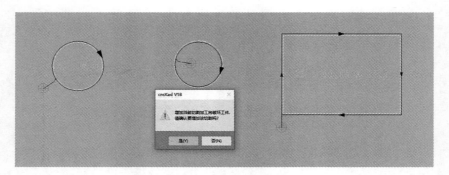

图 5.47　轮廓剪切报警提示

课后习题

一、判断题

1. 为工件添加补偿方式有软件补偿和控制器补偿两种。　　　　　（　　　）

2. 软件补偿在切割复杂轮廓时的切割质量更好。　　　　　　　（　　　）

3. 不同分层的轮廓可以设置不同的补偿值。　　　　　　　　　（　　　）

4. 软件对小孔的处理方式只有两种：无、穿孔。　　　　　　　（　　　）

5. 可以通过 cncKad 编程时的光束直径来调整切割工件的尺寸精度。（　　　）

二、简答题

1. 请简述如何对汉字进行打标。

2. 请简述对圆形和矩形内轮廓进行手动添加切割需要注意的事项。

项目 6

加工路径优化

项目描述

由于激光切割的切割材料及厚度的多样化、零件轮廓大小及形状的多样化、切割现场工况的多样化，在切割过程中会遇到很多加工的问题，如拐角过烧、零件翻转导致切割头碰撞、板材热变形、局部轮廓密集切割时过烧等，此时就需要优化加工路径来解决这些问题。

本节主要介绍几个主要的优化加工路径的功能。通过本节的学习可以使学生了解优化加工路径的功能与作用并掌握优化加工路径的方法。

任务 1　激光角处理

厚板的加工会遇到在切割尖角时因为热量集中造成拐角过烧的情况，针对这种情况就可以使用 CAM 软件的角处理功能。

如图 6.1 所示，在切割该工件时有时因为拐角过烧或者因为尖角过渡不够平滑会产生一些工艺问题，此时就需要使用角处理功能。

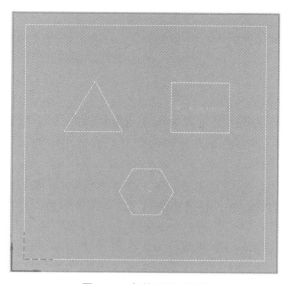

图 6.1　角处理 CAD 图

如图 6.2 所示，自动添加角处理有两种方式：使用工艺表和使用全局切割设置。除了自动添加之外还可以手动添加及编辑角处理。角处理在软件里有四种方式：环绕切角、圆形切角、慢速、冷却，其中最常用的是圆形切角和冷却。

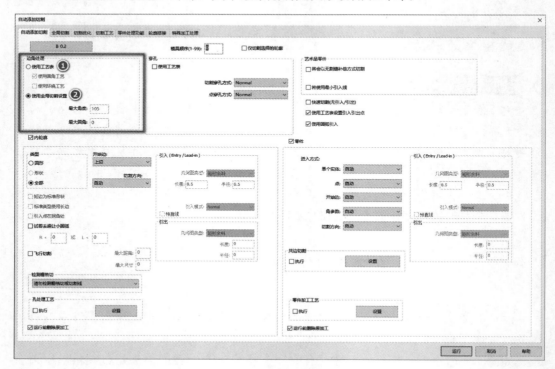

图 6.2　自动角处理的两种方式

（1）使用全局切割设置

在"自动添加切割"界面中，"边角处理"选择"使用全局切割设置"，然后进入"自动添加切割"的"全局切割"界面，在这里可以设置使用全局切割的参数，如图 6.3 所示。

全局切割设置分两部分：

①角参数设置。角参数就是设置为多少角度范围内的实体添加角处理。如果设置"最大角度"为"105"，则在添加角处理时软件只会为小于等于 105°的角添加角处理，大于 105°的角会不作处理。

②角处理方式设置。角处理的方式有四种，分别为环绕切角、圆形切角、慢速、冷却。四种处理方式的优先级为环绕切角＞圆形切角＞慢速＞冷却。

图 6.4 所示为使用环绕切角后的外轮廓的加工路径。环绕切角也叫做外绕，它只适用于外轮廓的加工。环绕切角的路径为在工件外切割一个孔，避免切割头在切割到拐角时减速再加速的动作，让路径从拐角变成一个圆孔来匀速平缓过渡。如果勾选了"环绕切角"，设置的尺寸为"10"，那么圆弧最远端到拐角距离就是 10 mm。

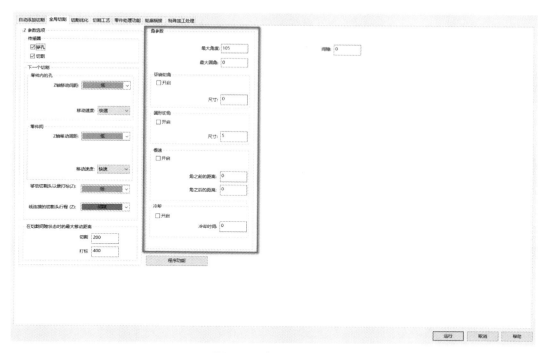

图 6.3 全局切割设置

环绕切角可以解决拐角过烧的问题，还可以保证切割工件尖角的尖锐度。但是外绕所走的路径尺寸就需要设置得足够大，否则起不到防过烧的作用，而外绕尺寸设置得越大零件间距就需要设置得越大，所以会造成板材的浪费。

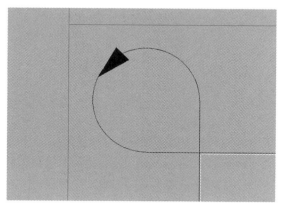

图 6.4 环绕切角

图 6.5 所示为使用圆形切角后的内轮廓加工路径。圆形切角就是在轮廓拐角的位置添加一个倒圆角，让工件拐角在切割时可以平缓过渡。

外轮廓使用圆形切角可以避免因为使用环绕切角造成的板材浪费。但是使用圆形切角会造成尖角圆滑，轮廓外形有一定程度的改变。

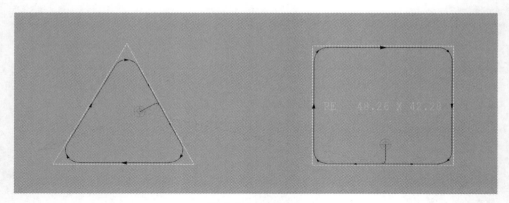

图 6.5　圆形切角

图 6.6 所示为添加慢速之后的加工路径。慢速为一种特殊的工艺参数，可以实现对拐角处工艺的单独控制。

勾选"慢速"，设置角之前的距离为"10"，角之后的距离为"10"，运行之后会在拐角前后 10 mm 内的轮廓分层到第三层。设置以慢速的方式进行切割，可以通过修改第三层的切割参数来对拐角前后的工艺参数进行单独的设置和控制。

慢速无法解决拐角过烧的问题，一般慢速用于优化氮气切割不锈钢或者空气切割碳钢拐角的切割质量问题，如拐角转脉冲切割。

图 6.6　慢速

图 6.7 所示为添加冷却之后的加工路径。冷却就是在切割头切割到拐角的时候停止激光吹气一段时间，物理冷却拐角位置的板材温度。冷却可以很有效地解决拐角过烧的问题。

在"全局切割"界面勾选"冷却"，设置冷却的时间为"100"（此处时间不为 0 就行，切割中实际的冷却时间在机床上设置），点击"运行"，此时冷却就会被添加完成。在软件里判断"冷却"是否添加成功可以看拐角的位置是否有一个蓝色的小点。

"冷却"既不会像"环绕切角"一样造成板材的浪费，也不会像"圆形切角"一样造成尖角失真的问题，但是在机床上设置的冷却时间越久就会致使加工时间越长。

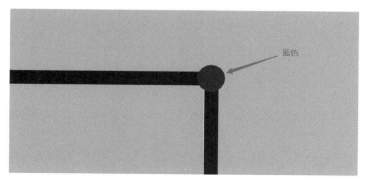

图 6.7 冷却

（2）使用工艺表

在"自动添加切割"界面中，"边角处理"选择"使用工艺表"。在工艺表下方还可以设置选择是否使用"圆角工艺""环绕工艺"。工艺表就是"切割参数"表，在表格内可以设置角处理对应的相关参数。

如图 6.8 所示，在"切割参数"的"切割"界面可以设置对应的切割层是否开启拐角冷却，开启冷却输入"1"，不开启冷却输入"0"。

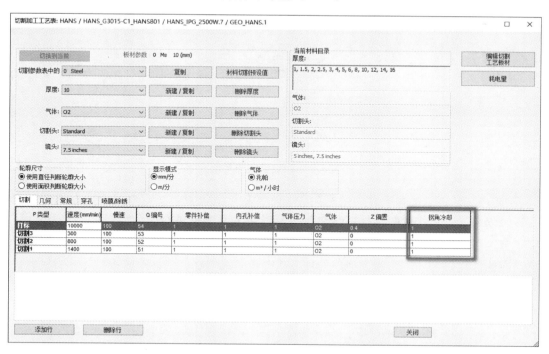

图 6.8 切割参数—切割

如图 6.9 所示，在"切割参数"的"几何"界面可以设置对应切割层的一些角参数：

① "拐角处理角度"，是设置对应切割层的拐角角度范围，在范围内的拐角才需要添加角处理方式。

② "圆角半径"，是对应的切割层添加圆角处理时对应的半径大小。

③ "环绕尺寸"和全局切割的"环绕切角"一样，设置的值为添加的外绕的直径大小。

④ "角落前""角落后"和全局切割的"慢速"一样，设置的值为在尖角拐点之前和之后进行单独处理的距离。

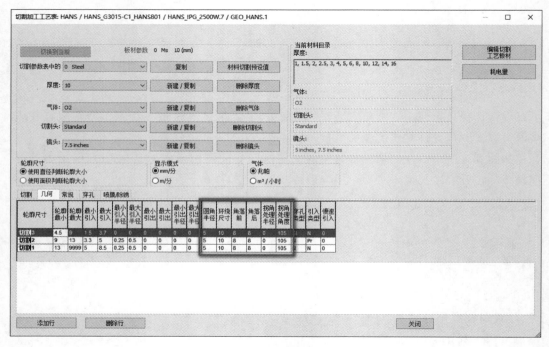

图 6.9　切割参数—几何

"使用工艺表"的角处理参数是在"切割参数"里设置，在四种角处理方式都设置参数时拐角调用功能的顺序是环绕切角＞圆形切角＞慢速＞冷却。"圆角工艺"和"环绕工艺"可以在"自动添加切割"勾选是否开启，"慢速"的关闭需要在"切割参数"将对应的值设置为"0"。当其他角处理方式都未开启时就会仅添加"冷却"。

使用工艺表添加角处理和使用全局切割添加角处理的区别是：全局切割的设置方式比使用工艺表更灵活且便于修改，使用工艺表可以给不同的切割层添加不同的角处理。

（3）手动角处理

在 CAM 软件的"CAM"任务栏下有一个角技术的功能，如图 6.10 所示。使用角技术可以为指定的尖角添加或者编辑已添加的角处理。

图 6.10　角技术

点击"设置"会弹出一个设置角处理参数的窗口。图 6.11 所示为"角参数"界面，在这里可以设置四种角处理的开启状态：

①否，就是不添加该类型角处理，相应的参数设置是灰色无法编辑状态。

②是，就是对选择的尖角添加角处理，相应角处理的参数可以进行编辑设置。

③全部，就是按照自动添加角处理的设置进行角处理设置。

四种角处理全部开启时的优先级为环绕切角＞圆形切角＞慢速＞冷却。

点击"编辑"之后，单击鼠标左键选择需要修改角参数的角，就会弹出"角参数"窗口，在"角参数"窗口可以选择对该尖角进行指定的角参数设置。

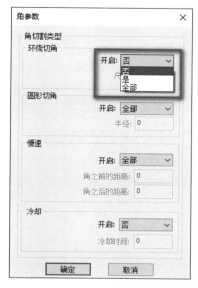

图 6.11　"角参数"

任务 2　添加微连接

在激光切割的过程中已经完成加工的工件由于切断了与板材的连接，工件会掉入废料车，这会对工件的下料造成不便；如果加工完成的工件掉落位置是后续加工路径需要经过的位置，还有可能产生二次切割造成工件报废；如果加工完成的工件在掉落途中翻转，还有碰撞切割头的风险。所以为了避免这些情况的发生，就需要为工件添加合适的微连接。图 6.12 所示为软件微连接的加工路径，微连接一般是在零件需要切断的轮廓上留一个很小的缺口，通过不切断来保证零件连接在板材上不掉落和不翻转。

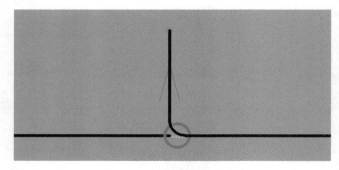

图 6.12 添加微连接后刀路

使用 cncKad 软件为零件添加微连接有三种方式：使用"自动添加切割"功能里的"零件处理"；使用"自动添加切割"功能里的"轮廓搭接"；手动添加微连接。

如图 6.13 所示，是 6 种不同的工件，现在要为这些工件添加微连接。

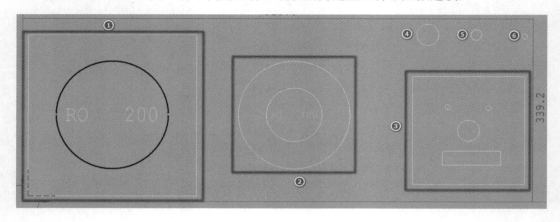

图 6.13 微连接 CAD 图

（1）使用零件处理功能

使用"自动添加切割"的"零件处理功能"添加微连接首先要设置添加微连接的规则。添加微连接规则的方法有两个：一个是使用"零件功能表"，一个是使用"手动设置"。

①手动设置。

如图 6.14 所示，不勾选"使用零件功能表"，此时规则就是使用当前界面的设置来为工件添加微连接。"内轮廓"和"外轮廓"两个选项是为对应的轮廓添加对应规则的"处理类型"，勾选为处理，不勾选为不处理。处理类型有四种：无处理、微连接、暂停、桥接。其中无处理就是不做处理；微连接就是留一部分轮廓不切断；暂停就是角处理中讲到的冷却；桥接类似字体桥接，这里的桥接是在两个零件之间建立桥接，一般情况下两个零件之间切割头移动方式是第一零件切割结束后切割头抬高，然后移动到第二个零件要切割的位置，先穿孔，然后再开始切割，使用了桥接之后两个零件或多个零件一组先加工所有的内轮，然后外轮廓再一起加工，两个或多个零件的外轮廓中间的行程使用切割线相连接，所有的外轮廓之间仅需要一次穿孔即可将零件完整切割下来，使用桥接可以减少穿孔数量和节省切割头抬起下降动作的时间。这里我们只讲微连接。

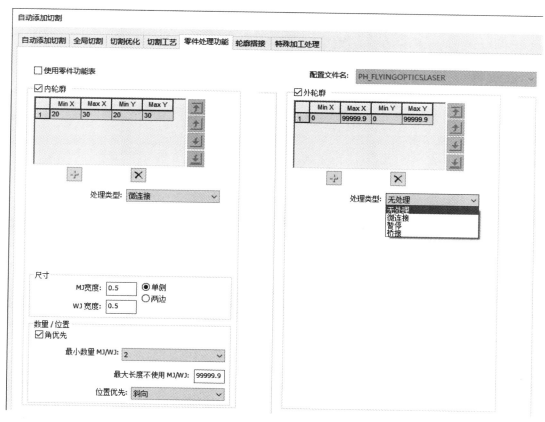

图 6.14　零件处理功能

微连接的添加规则和分层类似，首先需要设置轮廓的大小范围，只有在范围内的轮廓才会添加相应的加工，不在范围内的不作处理。

如图 6.15 所示，以内轮廓为例，添加微连接的设置如下。

a. 设置轮廓的范围。

和分层类似，可以将轮廓按照 X、Y 方向上的尺寸大小进行分层，按照轮廓大小调用当前范围的相关设置。

分层的数量可以通过界面中的"＋"和"×"进行增减。原则上数量没有限制，一般情况下 1～4 个即可。

每一个范围都可以设置不同的处理类型。

每一个范围设置完毕后还可以通过右方的上移和下移来控制其优先级。一级首先

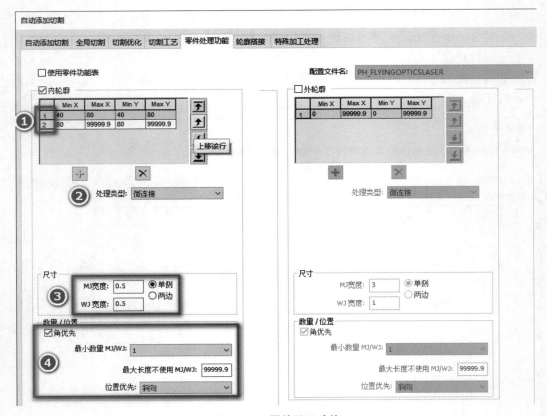

图 6.15　零件处理功能

被调用，如果被一级规则处理过的功能同样适用于更高级的范围，则该轮廓的最终处理类型为最高级设置的"处理类型"。

内外轮廓的微连接范围如何设置呢？

0～30 mm 范围内的内轮廓不处理，30～120 mm 范围内的内轮廓添加微连接，120 mm 以上范围的内轮廓不处理。因为一般支撑条间隙是 50 mm，小于 30 mm 轮廓的切割料会掉落，30～120 mm 轮廓的切割料可能会翻转，需要微连接进行限制，大于 120 mm 轮廓的切割料无法翻转，一般无需添加微连接。

对于外轮廓，如果不想零件落料到废料车，0 mm 以上的轮廓都需添加微连接。

b. 设置处理类型。

处理类型有四种：无处理、微连接、暂停、桥接，这里我们只设置微连接。

c. 设置微连接尺寸。

微连接的大小设置需要凭借经验，微连接太小会起不到作用，微连接太大会影响工件下料的难度，所以一般先设置一个初始值 0.5 mm（氧气切割碳钢微连接会更大）之后再根据需求调整。

MJ 为矩形轮廓添加微连接的大小，WJ 为圆形轮廓添加微连接的大小。

单侧为只在起点一侧添加微连接；双边为在起点与终点两侧分别添加微连接，双边仅在外轮廓生效。如图 6.16 所示，设置微连接大小为 1 mm，双边的微连接如左侧所示、单侧如右侧所示。

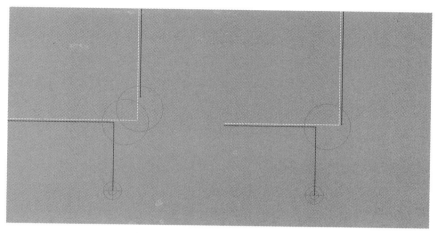

图 6.16　单侧（左）、双边（右）

d. 设置微连接添加的位置。

"角优先"是将微连接优先添加在角落的位置。

"最小数量"是设置添加微连接的最小个数，对于比较大的轮廓一个微连接可能无法保证工件和板材的连接，所以有些情况下需要添加多个微连接。

"位置优先"是设置微连接优先添加在轮廓的哪个位置：上边、下边、左边、右边、斜向、FACING、最长的实体。

②使用零件功能表。

使用零件功能表和手动设置微连接添加规则的方式一样，只是将一些设置规则放在一个功能表里。使用零件功能表时在"自动添加切割—零件处理功能"的设置就会失效。

"零件功能表"在软件的设置工具栏下，如图 6.17 所示。

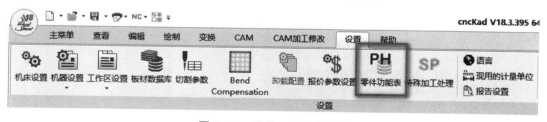

图 6.17　设置—零件功能表

打开零件功能表，如图 6.18 所示。

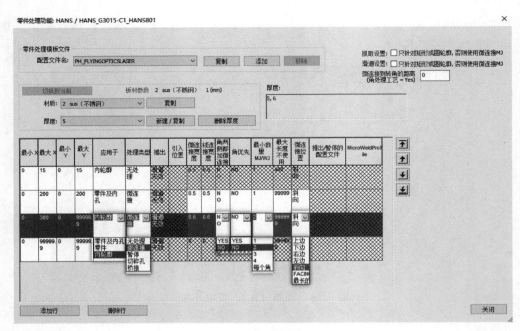

图 6.18　零件功能表

　　点击材质后方的"复制"可以复制当前材质的零件功能表到指定的材质里，如图 6.19 所示。

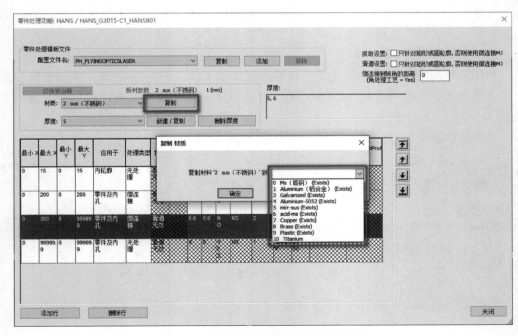

图 6.19　复制零件功能表到对应材质

点击厚度后方的"新建/复制"可以复制当前厚度的设置规则到指定的厚度，如图6.20 所示。

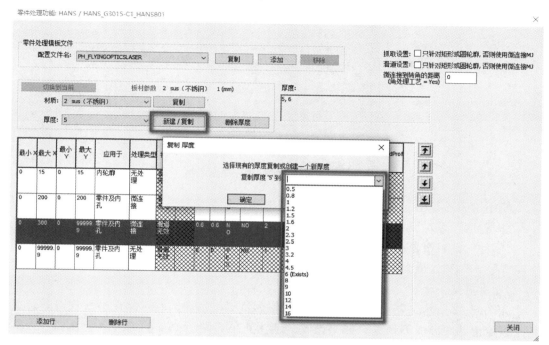

图 6.20 复制零件功能表到对应厚度

使用"零件功能表"添加微连接和使用"自动添加切割—零件处理功能"添加微连接的方式类似。

如图 6.18 所示，根据需要首先设置添加处理的轮廓大小范围。

"应用于"可以设置该规则应用于零件及内孔、零件、内轮廓。

"处理类型"可以设置为无处理、微连接、暂停、切碎孔、桥接。

"微连接宽度"和"线连接宽度"简称分别为 MJ 和 WJ。

"角两侧都加微连接"：NO 是单侧，YES 是双边。

"角优先"：NO 是不勾选，YES 是勾选。

"最小数量"可以设置微连接添加的最小数量为 1、2、3、4、每个角。

"微连接位置"可以设置微连接优先添加在轮廓的上边、下边、左边、右边、斜向、FACING、最长的实体。

（2）使用轮廓搭接

如图 6.21 所示，是另一种给工件自动添加微连接的功能——轮廓搭接。

图 6.21 自动添加切割—轮廓搭接

使用轮廓搭接功能不要勾选"使用工艺表中的轮廓搭接"。

"内轮廓"是对设置尺寸范围内的内轮廓添加轮廓搭接。

"零件"是对设置尺寸范围内的工件外轮廓添加轮廓搭接。

"从：0"和"最大尺寸：9999999"为添加轮廓搭接的轮廓尺寸范围。

"轮廓搭接：－1"为微连接大小。

如图 6.22 所示，若添加微连接设置的值为负值，则加工的轮廓在最后收刀的位置留下设定值的距离而不切透；如果设置的值为正值，则所添加的加工就为过切，也就是重复多加工设定值的距离。轮廓搭接方式添加的微连接，在引入线添加在切割轮廓拐角处时无效。

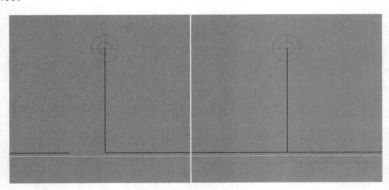

图 6.22 轮廓搭接—微连接（左）、过切（右）

（3）手动添加编辑

针对一些特殊的图形或者轮廓，需要手动编辑轮廓的微连接。手动编辑微连接的功能在"CAM"工具栏的"桥接/微连接"里边，如图 6.23 所示。对轮廓的微连接包含：增加微连接/线连接、编辑微连接/线连接、删除微连接/线连接、全部删除、移动微连接/线连接。

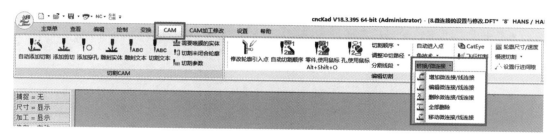

图 6.23　手动设置微连接

①增加微连接/线连接。

点击"增加微连接/线连接"会出现"添加微连接/桥接"界面，如图 6.24 所示。选择"使用微连接"，设置微连接宽度（mm）为"1"，勾选"使用引入点参数"，此时增加微连接的规则就已经设置完毕。点击"确定"之后使用鼠标左键直接点击需要添加微连接的轮廓位置，即可为工件添加微连接。在原来切引线的收刀位置手动添加微连接需要鼠标靠近引线位置再点击"添加"。

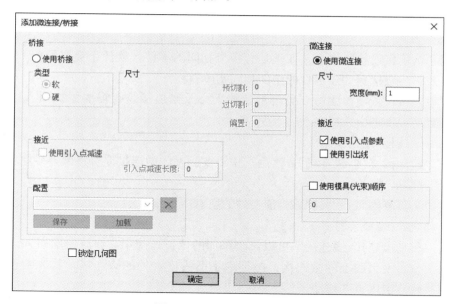

图 6.24　添加微连接/桥接

如图 6.25 所示，在一张板材上需要对很多数量的工件添加微连接时，软件会有弹窗提示，弹窗里有 5 个选项：仅针对该实体；该零件的相同实体全部变为同一角度及镜像；该零件的全部相同实体；选项；所有排版中的实样及全部原始 DFT 图形。一般情况下会选择"该零件的全部相同实体"，此时就可以实现在单个零件加工路径里添加微连接，而在排版以后可以手动地将微连接添加在指定位置。

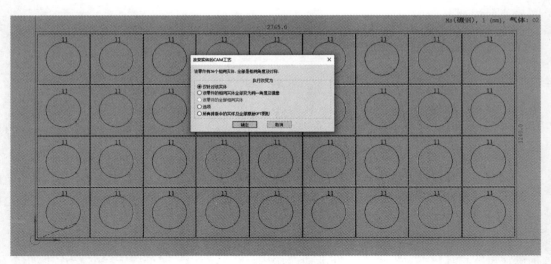

图 6.25　手动批量添加微连接

②编辑微连接/线连接。

如图 6.23 所示，点击"编辑微连接/线连接"，然后选中需要编辑的微连接，此时就会出现"微连接设置"界面。如果是有多个相同的零件，软件还会有如图 6.25 所示的提示，此时一般选择"该零件的全部相同实体"。

在"微连接设置"界面可以更改微连接大小及微连接是否需要添加引入线（共边切割添加微连接不加引入线）。

③删除微连接/线连接。

点击"删除微连接/线连接"，然后选中需要删除的微连接即可将微连接删除。

④全部删除。

点击"全部删除"，就会删除当前文件的所有微连接。

⑤移动微连接/线连接。

使用"移动微连接/线连接"可以修改添加的位置。使用"修改轮廓引入点"也可以移动引线位置及引线上的微连接，但是除了引线位置处的微连接，其他微连接无法通过"修改轮廓引入点"移动。

任务 3　切割优化

当针对零件或排版的加工已添加完毕之后可能需要对加工的路径进行优化，因为不合适的加工路径会影响加工效率甚至是机床的运行安全。例如：为避免翘起翻转零件碰撞切割头，除了为工件添加微连接外，另一个方法就是避免切割头移动时经过已加工区域；在机床整版加工过程中如果切割头频繁地往返机床前后方切割工件，一方面会造成效率的降低，另一方面如果板材因为切割后的热变形及本身应力被释放之后翘起，也容易碰撞移动中的切割头。为了避免出现以上情况就需要用到软件的"切割优化"功能。

激活"切割优化"有很多方式：

①如图 6.26 所示，cncKad 软件的"CAM"工具栏下的"自动切割顺序"；

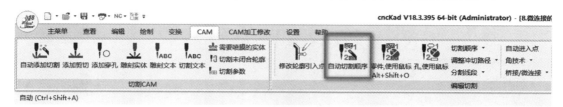

图 6.26　自动切割顺序

②如图 6.27 所示，AutoNest 软件的"板料及子套裁"工具栏下的"零件自动排序"；

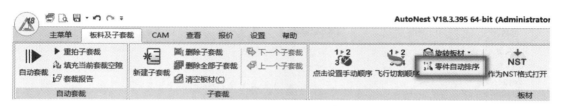

图 6.27　零件自动排序

③"自动添加切割"的第三个界面即"切割优化"界面；

④AutoNest 软件的"订单数量"里的"自动添加切割"；

⑤输出"NC"程序的第三步中勾选"启用切割优化"。

从"切割优化"功能有如此多的入口就可以知道该功能对编程的重要性。

如图 6.28 所示，以"自动添加切割"的"切割优化"界面为例。

（1）提示信息

界面的最上方有一个感叹号，后边提示信息为：由于零件边参数在自动切割中未设置为自动所以自动引入点功能被屏蔽。此处提示的意思是在"自动添加切割"界面关于内轮廓引入线的位置未设置成自动，所以在"切割优化"界面"零件内的孔"的"自动进入点"功能是不生效的。如果想让该功能生效就按需要把"自动添加切割"界面关于内轮廓引入线的位置设置成自动。

（2）显示基本选项

"显示基本选项"为一个切换按钮，在此界面的最右边为"高级选项"。点击"显示基本选项"，高级选项界面就会被隐藏。

"高级选项"有以下设置：

①"安全孔的上限至 10"。切割头空程移动时可以从已加工的直径小于设置值

自动添加切割

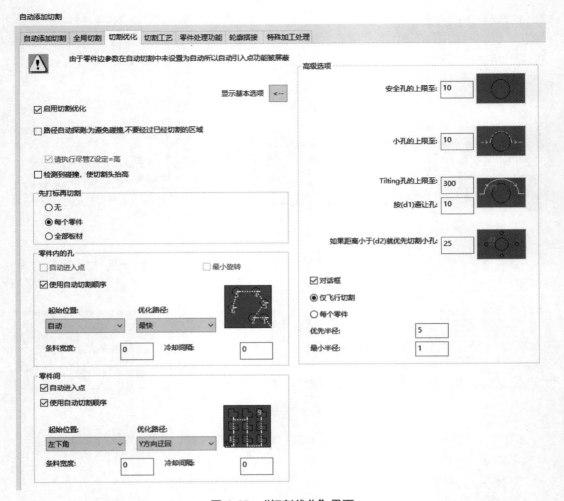

图 6.28　"切割优化"界面

10 mm 的小孔上方经过，需要经过的已加工轮廓的尺寸大于 10 mm 则切割头就需要避让已加工区域。

②"小孔的上限至 10"。切割头空乘需要经过的已加工区域的轮廓直径大于 10 mm，小于 Tiling 孔的上限，切割头的空程路径就会沿着轮廓的边缘移动。

③"Tiling 孔的上限至 300"和"按（d1）避让孔 10"。切割头空乘需要经过的已加工区域的轮廓直径大于 300 mm，切割头的空程路径会避让已加工区域 d1，也就是 10 mm。

④"如果距离小于（d2）就优先切割小孔 25"。当需要加工区域的轮廓如图 6.29 所示排布时，由于小圆距离大圆太近，先加工大圆后如果大圆翻转会干涉到加工小圆时的切割路径。所以该设置的目的是，当大圆和小圆之间距离小于 d2 时优先加工小圆再加工大圆。

（3）启用切割优化

"启动切割优化"勾选之后切割优化功能才会生效，否则该界面的所有设置无效。

（4）路径自动探测：为避免碰撞，不要经过已经切割的区域。

"路径自动探测：为避免碰撞，不要经过已经切割的区域"勾选之后"高级设置"的所有设置才生效。

（5）检测到碰撞，使切割头抬高

"检测到碰撞，使切割头抬高"勾选后，当切割过程中出现碰撞报警，切割头自动抬高，这样方便处理报警的原因。

（6）先打标再切割

一般选择"每个零件"，以零件为单位先打标再切割。

（7）自动进入点

加工零件内的孔和零件之间的切割都有自动进入点。当"自动进入点"勾选时软件会自动地调整引入线的位置。

如图 6.29 所示，虚线为切割头空程的路径，没切割优化前切割头会经过已加工的区域，会有切割头碰撞的风险。

如图 6.30 所示，该路径进行了切割优化，一方面切割优化会避免切割头经过已加工区域，同时也缩短了空程的路径，提升了切割效率。

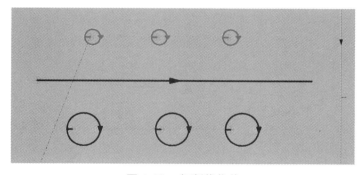

图 6.29　切割优化前

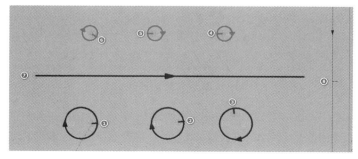

图 6.30　切割优化后

注意：如果"自动进入点"是灰色的请见本任务的"（1）提示信息"。

（8）自动切割顺序

自动切割顺序的方式有六种：最快、X 方向迂回、Y 方向迂回、X 单向、Y 单向和向外。这六种切割顺序适用于零件的内轮廓和零件之间的轮廓。每一种自动切割顺序生成的加工路径顺序都不相同。内轮廓这六种方式都可以针对具体的轮廓及轮廓分布情况来进行选择设置。针对零件间的切割顺序一般使用 Y 方向迂回和 Y 单向，不使用 X 方向迂回、X 单向和最快，因为机床的横梁是沿着 Y 方向的，切割头长距离地在机床上方来回跑动容易出现安全问题。所以在实际生产过程中切割顺序要根据实际的工况进行选择。

接下来依次讲解每种切割顺序的方式。

①最快。最快是根据两个轮廓之间距离来设置切割顺序的。即先切割距离程序原点最近的轮廓，在切割完第一个轮廓之后，切割距离该轮廓收刀位置最近的一个穿孔位置的轮廓，之后依次寻找距离最近的穿孔位置。这种方式从切割路径来看空行程是最短的。

②X 方向迂回。X 方向迂回是比最快的切割顺序更规律的一种切割顺序方式，它是沿着 X 方向进行往复的切割，是一种和 Y 方向迂回一样针对零件内轮廓加工比较常用的方式，如图 6.31 所示。

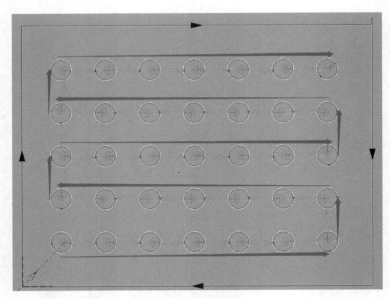

图 6.31　X 方向迂回

③Y 方向迂回。Y 方向迂回是比最快的切割顺序更规律的一种切割顺序方式，它是沿着 Y 方向进行往复的切割，和 X 方向迂回一样是一种针对零件内轮廓加工比较常用的方式，如图 6.32 所示，但同时针对整版零件之间的加工顺序 Y 方向迂回会比 X 方向迂回更加合适。

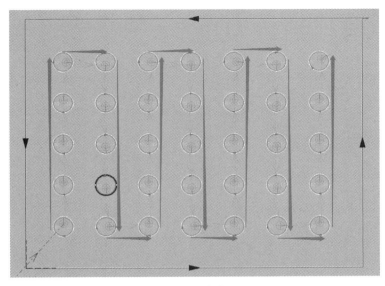

图6.32 Y方向迂回

④X单向。X单向和X方向迂回从路径上看有显著的区别。X方向迂回是第一行轮廓或工件沿着X轴的正方向加工，第二行是沿着X轴的负方向加工。而X单向是全部是沿着X轴的正方向加工，然后空程沿X轴的负方向回位，再沿着X轴的正方向切割，如图6.33所示。X单向和X方向迂回同样是一种适合内轮廓加工的加工顺序。

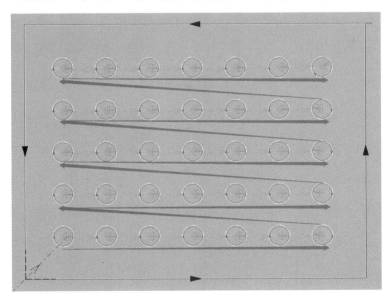

图6.33 X单向

⑤Y单向。Y单向和Y方向迂回从路径上看有显著的区别。Y方向迂回是第一行轮廓或工件沿着Y轴的正方向加工，第二行是沿着Y轴的负方向加工。而Y单向是全

部是沿着 Y 轴的正方向加工，然后空程沿 Y 轴的负方向回位，再沿着 Y 轴的正方向切割，如图 6.34 所示。Y 单向和 Y 方向迁回同样是一种适合内轮廓加工的加工顺序。

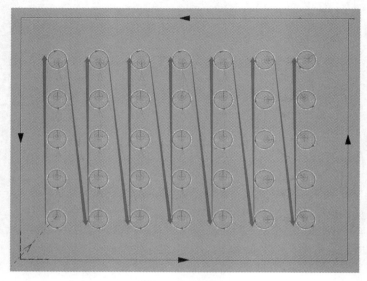

图 6.34 Y 单向

⑥向外。向外是一种比较特殊的切割方式，适合一些内轮廓螺旋分布的工件的加工，如图 6.35 所示。

图 6.35 向外

（9）条料宽度

"条料宽度"可以用来解决加工过程中的局部切割过热的热变形问题。条料宽度可以和其他切割顺序搭配使用，其中的路径顺序如图 6.36～图 6.39 所示。

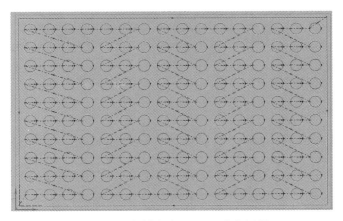

图 6.36　条料宽度 150、Y 方向迁回

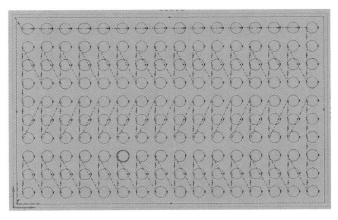

图 6.37　条料宽度 150、X 方向迁回

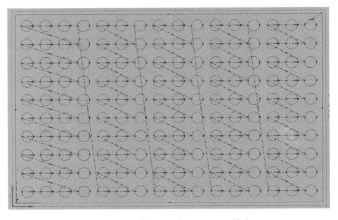

图 6.38　条料宽度 150、Y 单向

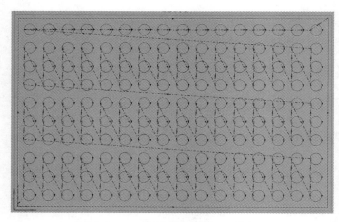

图 6.39　条料宽度 150、X 单向

（10）冷却间隔

"冷却间隔"用来解决轮廓比较密集时局部集中切割引起局部过热进而影响切割质量的问题。冷却间隔可以和其他切割顺序搭配使用，其中的路径顺序如图 6.40～图 6.43 所示。

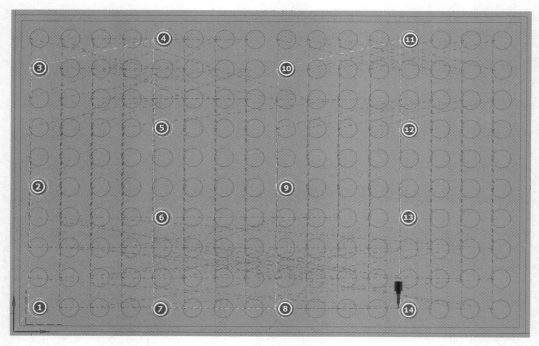

图 6.40　冷却间隔 150、Y 方向迂回

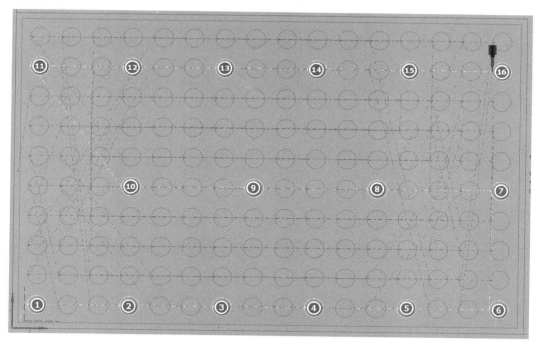

图 6.41 冷却间隔 150、X 方向迂回

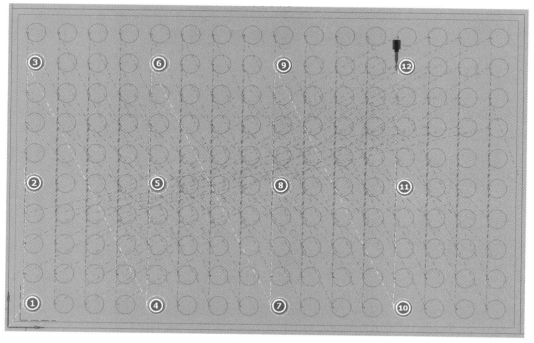

图 6.42 冷却间隔 150、Y 单向

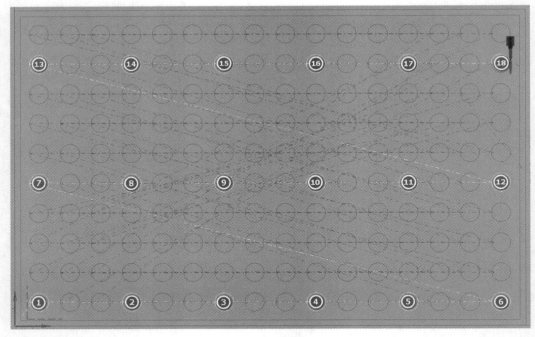

图 6.43　冷却间隔 150、X 单向

任务 4　程序原点设置

当在非矩形的板材上加工工件时就会遇到如何定位的问题。矩形板材一般情况下在我们设置计算机界面的左下角为原点。如果需要加工的是一个圆形的板材，定位的原点取板材的圆心更为容易，此时就可以用到软件的"程序原点"功能。

在 cncKad 模式下，"程序原点"在"CAM 加工修改"工具栏下；在 AutoNest 模式下，"程序原点"在"CAM"工具栏下，如图 6.44 所示。

图 6.44　程序原点

如图 6.45 所示，以 cncKad 模式为例，程序原点修改的操作步骤为：

①点击"CAM 加工修改"；

②点击"程序原点"；

③在设置程序原点弹窗里勾选"用户自定义"；

④点击"在零件上点击"；

⑤鼠标捕捉板材的圆心后点击鼠标左键确认选择。

此时程序原点就已经修改完成。

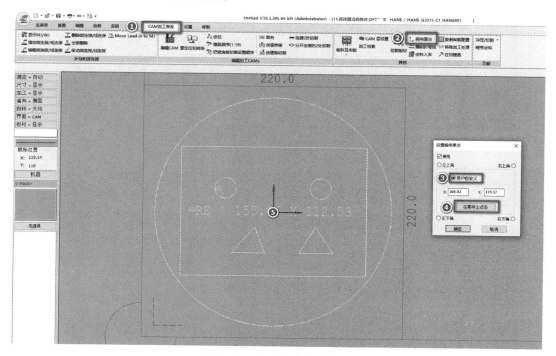

图 6.45 修改程序原点操作

使用"程序原点"功能可以将程序原点设置在板材的左上角、右上角、左下角、右下角，同时还可以使用"用户自定义"手动输入原点的坐标或者是在零件上的点坐标。

使用"在零件上点击"有时需要在绘图时绘制一个方便捕捉点的轮廓，如图 6.45 里的圆。当修改完程序原点之后就可以将辅助捕捉原点的轮廓删除。

任务5 共边切割

如图 6.46 为使用共边切割的排版，图 6.47 为使用四周间隔切割的排版。在进行整版排版时使用共边切割的功能可以更节省板材，提升板材利用的效率。另外，由于多个零件一起共边，公共边由原来的切割两次变为了切割一次，提升了切割的效率。所以共边切割是一个非常重要的功能。

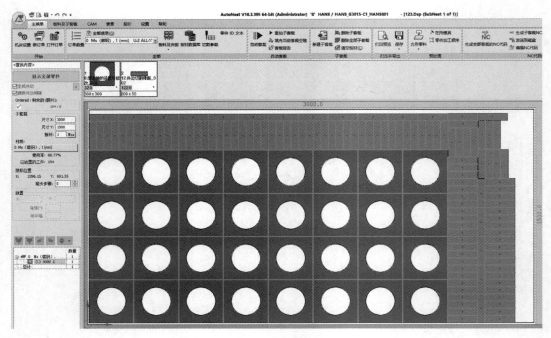

图 6.46　共边切割排版

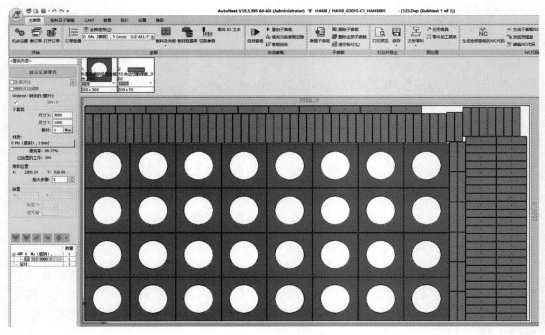

图 6.47　四周间隔切割排版

（1）基础知识准备

①共边切割和不共边切割有什么不同？

如图 6.48 所示，共边切割的路径就是将两个工件的两条边合并为公共边，由切割两次变成只切割一次就完成两个零件其中一个边的加工。共边切割零件之间的间隙比正常排版的零件之间的间隙小。

在排版时可以通过两个零件之间的路径是否变成粉色来判断是否已经添加了共边切割。

注意：如果零件共边却没有显示粉红色路径，可以去软件的"查看"工具栏里激活"显示共边切割"。

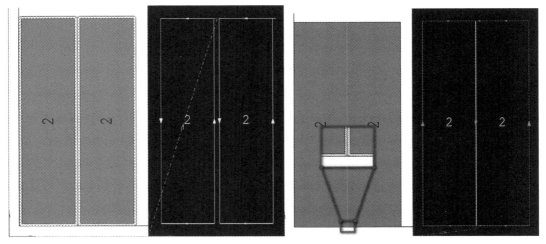

图 6.48　非共边和共边切割路径

②共边切割如何保证切割出来的工件精度？

正常的排版为了避免零件之间引线的干涉和防止零件因为靠得太近被二次切割，会在零件之间设置足够的零件间隔。共边切割同样也需要设置零件共边的四周间隔，如图 6.48 放大的矩形区域所示，也就是"使用共边间隙"。

共边间隙设置如下：

在 AutoNest 软件里点击零件后点击鼠标右键，选择"全部信息"，在"全部信息"界面可以设置零件共边间隙，如图 6.49 所示。在勾选"使用工艺表"的情况下，共边间隙的值是"切割参数"设置的零件补偿值。如果想自己设置就取消勾选"使用工艺表"，然后在"共边切割间距"输入需要设置的值。

在 AutoNest 软件的界面最左方有两个快捷的选项：生成共边、使用共边间隙，如图 6.50 所示。"生成共边"勾选之后，两个零件之间的距离等于设置的共边间隙时就可以共边。"使用共边间隙"勾选之后，所有零件的四周间隔距离就是设置的共边间隙。共边间隙一般情况下就是"切割参数"设置的补偿值，如果想要修改可以点击这

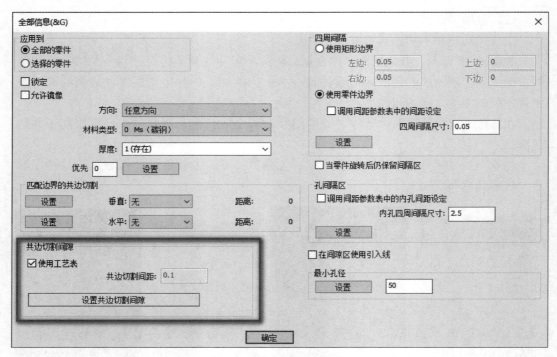

图 6.49 "全部信息"界面

两个选项右边的"!"，在弹窗里取消勾选"使用工艺表"就可以手动设置共边切割的间距。

图 6.50 快捷设置"共边间隙"

（2）一般添加流程

共边切割和非共边切割的自动排版区别就是在使用"自动套裁"时在"开始/继续

自动套裁"界面勾选"使用共边间隙"，如图 6.51 所示，此时排版的零件就会使用共边切割。

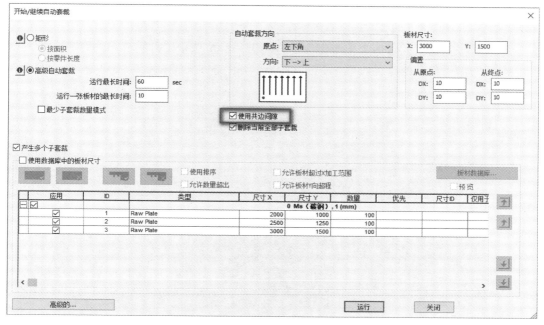

图 6.51　自动套裁—使用共边间隙

（3）高级添加流程

不是所有的零件都可以共边，只有零件外轮廓是直线的实体之间才可以共边，圆弧不可以共边，所以在进行自动套裁时需要考虑将可以共边的零件和不能共边的零件分开进行排版。当一张板材需要排矩形和圆形工件时可以先将圆形工件进行"锁定"，当矩形工件共边切割排版完成后，右键点击零件，然后选择使用"对已选工件实施小料填充"来把之前"锁定"的零件排进板材，如图 6.52 所示。

在对所有的工件进行整版共边排版后需要手动对排版进行优化。整版共边生产工件，当加工意外导致板材移动时会造成整张板材无法继续加工。在操作机床时有时会用到工件停止功能，也会造成整版共边的工件无法继续加工。所以，一般情况下不建议整

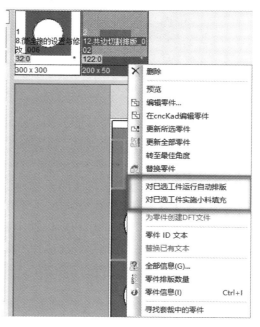

图 6.52　小料填充

版共边排版。当排版完成后还需要手动修改一下零件间距。一般建议大工件两列进行共边。

如图 6.53 所示，批量修改零件之间间隙可以使用软件界面左边信息栏的"箭头步骤"：

①箭头步骤输入的数值为按键盘上的方向键一次被选中工件所移动的距离。

②框选需要移动的零件，然后通过点击键盘上的方向键来控制零件移动。点击一次，移动一个"箭头步骤"。

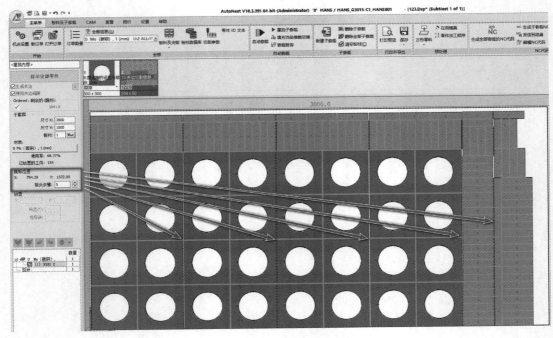

图 6.53　手动调整零件之间间隙

共边切割的工件引线只能添加或移动到零件的尖角处。

共边切割可以在共边实体上手动添加微连接，但是微连接不可以添加引入线，否则会破坏工件。

共边切割时一般会为加工路径添加预切割。预切割可以避免出现接刀不准的问题。预切割添加的方法为：在 AutoNest 软件里的"主菜单"界面点击"订单数量"，点击"自动添加切割"，选择共边切割设置，然后设置预切割的值，如图 6.54 所示。同理在cncKad 软件里设置"预切割"也是在主菜单的"自动添加切割"界面里；使用共边切割的排版在 NC 输出程序时也会弹出"自动添加切割"的界面。

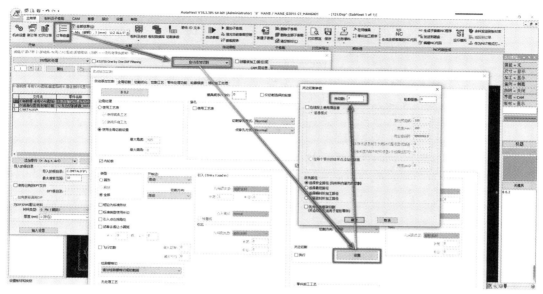

图 6.54　共边切割—预切割

任务 6　激光喷膜/除锈和预穿孔

喷膜/除锈和预穿孔是非常重要的两个功能。两个功能的设置都在软件的"板料及夹钳"的"切割参数"里，如图 6.55 所示。"板料及夹钳"功能在软件的"主菜单"工具栏下，如图 6.55 和图 6.56 所示。

（1）喷膜/除锈

在加工板材表面有膜和有锈的时候，为了不让镀膜和锈影响板材的加工质量，就会使用喷膜/除锈的功能。使用喷膜/除锈功能的加工路径为：机床先调用"标刻 2"的工艺参数对板材表面需要加工的路径进行喷膜/除锈一遍，之后再回头进行切割加工。

如图 6.55 所示，使用喷膜/除锈功能需要勾选"♯33683 Enable Vaporization"，勾选之后喷膜/除锈的功能就会被激活，下方的喷膜/除锈参数就可以进行设置。

喷膜/除锈和切割之间的顺序有三种：边喷膜/除锈边切割、整版喷膜/除锈后再切割、以零件为单位喷膜/除锈。从加工路径的效率来看，边喷膜/除锈边切割的路径最长，一般不使用，整版喷膜/除锈后再切割和整版共边切割一样，容易出现切割到最后一些零件接刀不正确的情况，所以一般推荐使用以零件为单位喷膜/除锈。

喷膜/除锈一般设置"应用于"为"完全切割"。

在切割时喷膜/除锈调用的是"标刻 2"的工艺参数，打标使用的是"标刻 1"的工艺参数。

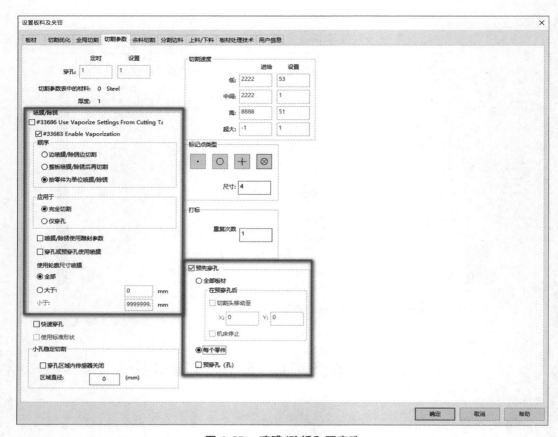

图 6.55　喷膜/除锈和预穿孔

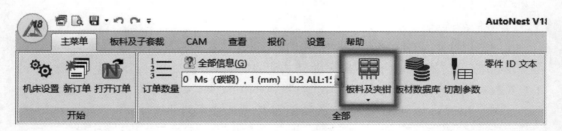

图 6.56　AutoNest—板料及夹钳

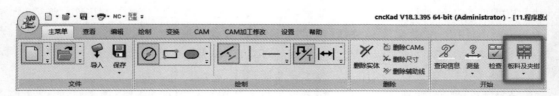

图 6.57　cncKad—板料及夹钳

（2）预穿孔

一般有两种情况需要使用预穿孔：穿孔位置周围板材过热造成起刀过烧时可以使用预穿孔，先将孔穿完再返回切割可以让最先穿孔的位置有一个冷却的时间；穿孔时的熔渣在孔周围堆积无法正常切割，此时就可以使用预穿孔，待所有的孔穿完再对穿孔进行挂渣处理，然后再进行切割。

如图 6.55 所示，使用预穿孔功能需要勾选"预先穿孔"。

预穿孔的顺序有：全部板材和每个零件两种。

"全部板材"为整版预穿孔。使用整板预穿孔时可以设置穿孔结束后切割头移动到指定的位置然后让机床停止。这种方式比较适合穿孔后刮渣处理。切割头停止的坐标一般可以设置为板材尺寸的值，如 3000 mm × 1500 mm 的板材坐标就设置为 X3000、Y1500。

"每个零件"为最常用的一种预穿孔方式，因为整板预穿孔和整版共边切割一样都存在加工路径接不上的问题，加工过程中板材受热会产生热变形，如果热变形过大，切割的位置就会对不上，严重的话会造成工件的报废。

任务 7 余料切割

如图 6.58 所示，在实际的生产情境下，有时一张板材在使用时未能完全利用，会留下很大的一块余料。余料还可以进行加工别的零件，但是余料带着已加工的部分又不便于保存，此时就需要将已加工过的部分切掉，只保留未加工的部分，有些时候还需要将余料裁剪成小块以方便存放。

余料的分割如果使用切割机、等离子、火焰切等加工起来会比较难，边缘的垂直度很难保证。如果可以在零件加工完成后使用激光来进行余料的切割就会方便很多。余料切割的余料线有使用"板料及夹钳"添加和使用"切割板材"添加两种方式。

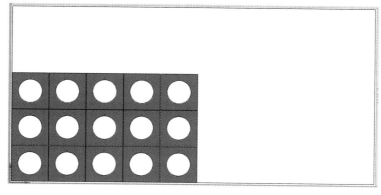

图 6.58 未利用完的板材

（1）使用"板料及夹钳"添加余料线

点击主菜单下的"板料及夹钳"功能就会进入到"设置板料及夹钳"的界面，点击"余料切割"即可进行参数设置，如图 6.59 所示。参数设置完毕后点击"确定"即可生成余料线。

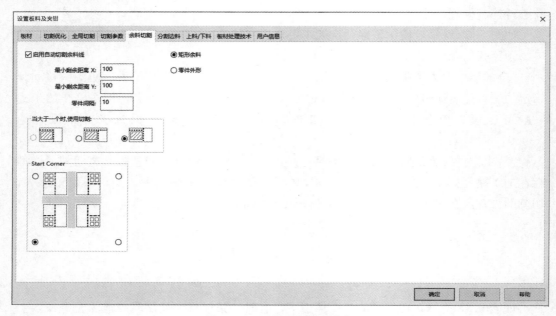

图 6.59　设置余料切割参数

勾选"启用自动切割余料线"，自动添加余料线的功能才会生效。自动添加余料的方式有矩形余料和零件外形两种。

"最小剩余距离"为一个判断条件，当余料的尺寸同时大于设置的 X、Y 的值时余料线才会添加。

"零件间隔"为余料线到板材的距离。

"当大于一个时，使用切割"和"Start Corner"只有在使用矩形余料时才会生效，在使用零件外形时不起作用。

"当大于一个时，使用切割"中有三种余料切割的方式：第一种方式已经不使用，无法选择；第二种方式是先沿着 X 轴方向裁板后再将已加工过的区域裁掉；第三种为先沿着 Y 轴方向裁板后再将已加工过的区域裁掉。

"Start Corner"一般选择零件在板材的左下角，需要按照零件排布的位置进行设置，零件在板材的哪个角落就选择哪个位置。

接下来列举矩形余料和零件外形两种余料线自动添加的情景。

①矩形余料。如图 6.60 和图 6.61 所示，当加工的板材的零件按照图中的形式排布时可以使用第二或第三种方式进行设置。按照第二种方式设置会生成一块较窄长的余料和一块较短的余料，这种余料适合留下来加工较长的工件；按照第三种方式设置

则会生成两块都不是特别长的余料，这种余料较适合存放。

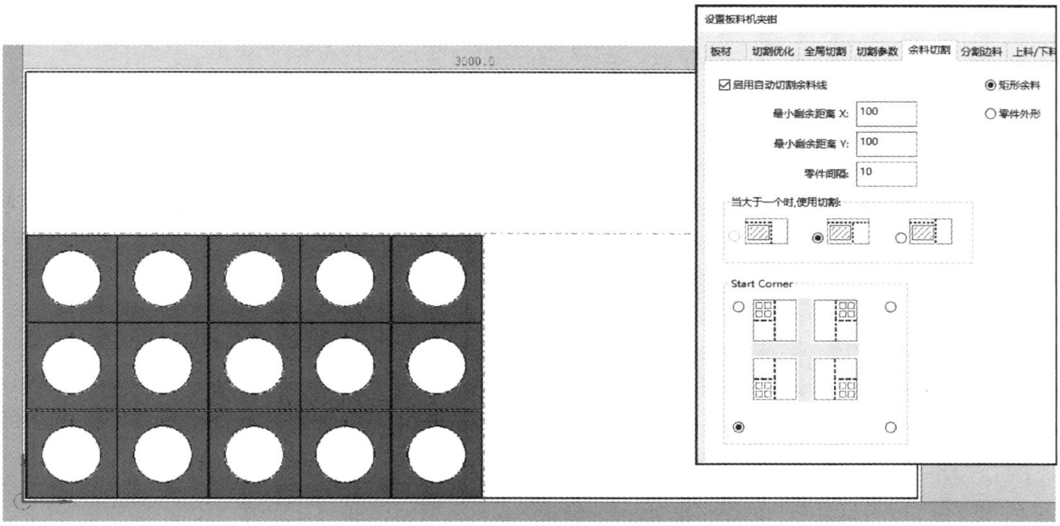

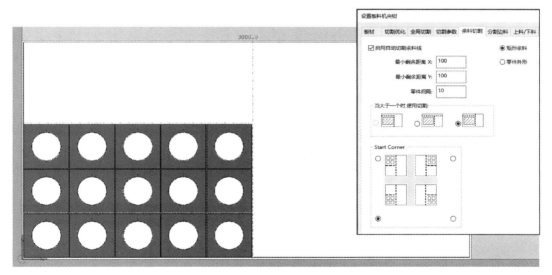

图 6.60　按照矩形余料生成余料线①

图 6.61　按照矩形余料生成余料线②

②零件外形。如图 6.62 所示，当排布的零件的外框凹凸较大时，使用矩形余料可能会造成较大的浪费，此时就可以使用按照零件外形添加余料线（小长方形为 200 mm×50 mm，在余料的宽度小于 100 mm 时余料线会沿着零件外形进行裁切）。

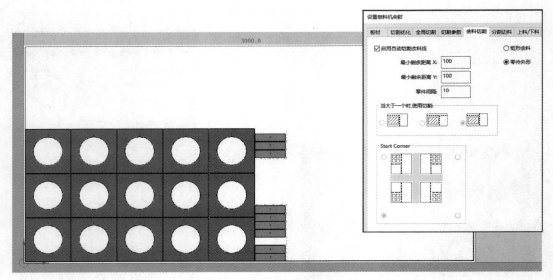

图 6.62   按照零件外形生成余料线

（2）使用"切割板材"添加余料线

如图 6.63 所示，在软件的"CAM"菜单栏下有一个"切割板材"的功能，使用"切割板材"可以自动或手动添加余料线。使用"切割板材"添加余料线和使用"板料及夹钳"添加余料线的方式类似，区别就是使用"切割板材"可以给余料线添加微连接。图 6.64 为"切割板材"的参数设置界面。

图 6.63   CAM—切割板材

"调用当前机器的补偿值"这里的值是在裁板时切割路径切出板材的距离。勾选时调用的补偿值就是切割的补偿，不勾选时可以在下方手动设置 D1、D2 的距离（该设置对所有余料线有效）。

"微连接"为余料线添加微连接，勾选执行后可以为"ML"留一个"W"宽度的微连接。

"自动 \ 手动"为添加余料线的方式选择，一般手动添加余料线方式很少使用。

选择"切割板材"的手动方式后点击"确定"可以在板材上手动设置余料线的位置。如果在添加时不勾选"删除已加余料线"可以给板材添加多条余料线。

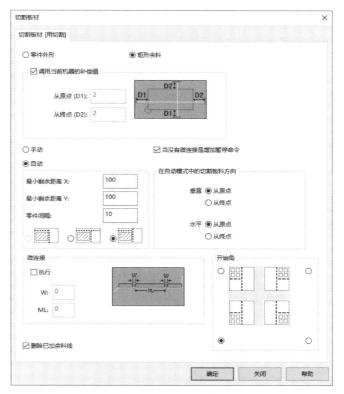

图 6.64　"切割板材"界面

如图 6.65 为手动为余料添加了多条余料线。

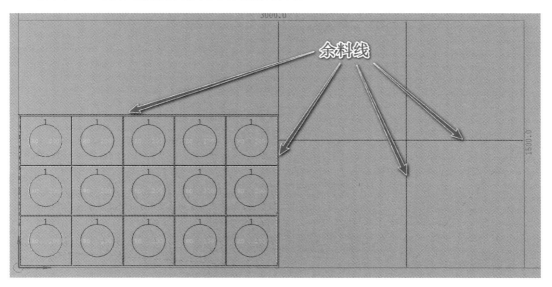

图 6.65　手动添加余料线

（3）保存余料到材料库

余料可以被发送到板材库供下次排版使用（只有在生成 NC 后才能保存余料到材料库）。

如图 6.66 所示，在"板料及子套裁"界面有一个"余料发送到板材库"和"作为DFT 格式打开 取消生产处理"。余料发送到板材库后零件的排布和加工路径是无法编辑的，只有取消生产处理之后才可以进行零件排版和加工路径的编辑，且已经保存到板材库的余料也会被恢复。

图 6.66　余料发送至板材库和取消生产处理

图 6.67 为余料发送到板材库的界面，在这里可以选择保存的余料为"切割下的余料"和"整体余料"，两个都勾选才可以将余料切割下来的矩形板材保存到板材库。勾选之后点击"余料发送到板材库"。

如图 6.68 所示，软件提示已经将余料保存为 244 和 245 两块余料。

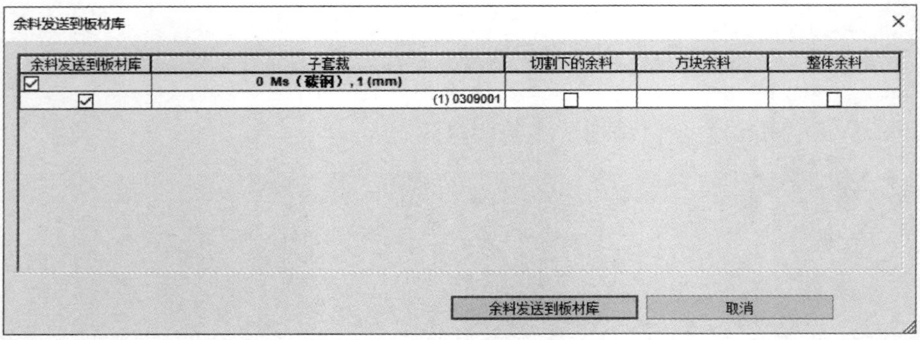

余料发送到板材库	子套裁	切割下的余料	方块余料	整体余料
☑	**0 Ms（碳钢），1 (mm)**			
	☑　(1) 0309001	☐		☐

余料发送到板材库　　取消

图 6.67　"余料发送到板材库"界面

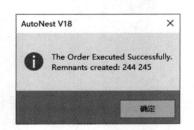

AutoNest V18 ✕

The Order Executed Successfully.
Remnants created: 244 245

确定

图 6.68　余料已被成功保存

如图 6.69 所示，当余料被添加到板材库后排版界面会显示"已提交"，左下角的板材会显示"S"，此时该子套裁无法被修改。

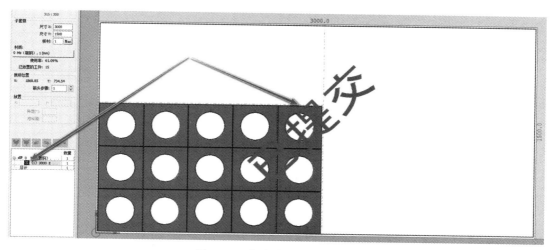

图 6.69　保存余料后的子套裁

如图 6.70 所示，点击"设置"里的"板材数据库"可以预览保存的板材余料。

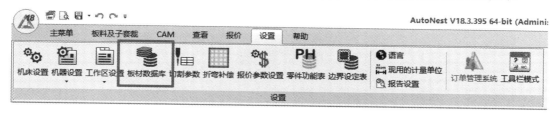

图 6.70　板材数据库

图 6.71 为保存的余料切割后的余料板材。

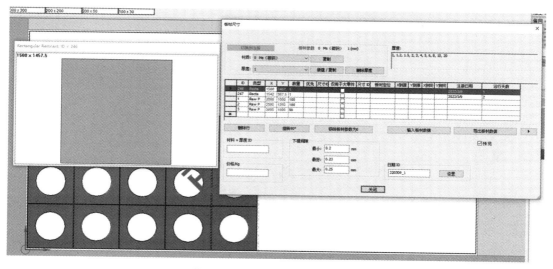

图 6.71　余料切割后余料板材

图 6.72 为保存的余料切割后的整体余料。

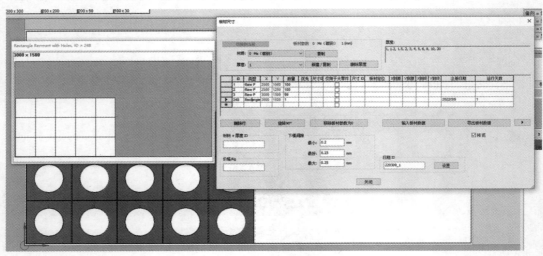

图 6.72　余料切割后的整体余料

课后习题

一、填空题

1. 自动添加角处理有两种方式，分别为使用工艺表和_____。

2. 角处理在软件里有四种方式：_____、_____、慢速和_____。

3. 自动切割顺序的方式有六种：最快、_____、_____、_____、_____和_____。

4. 在 AutoNest 软件的界面最左方有两个快捷的选项：生成共边和_____。

二、判断题

1. 如果设置最大角度为"105"，则在添加角处理时软件只会为小于等于105°的角添加角处理，大于105°的角不作处理。（　　）

2. 环绕切角也叫做外绕，它只适用于所有轮廓的加工。（　　）

3. "角优先"是将微连接优先添加在角落的位置。（　　）

4. "最小数量"可以设置微连接添加的最小数量为：1、2、3、4。（　　）

5. "冷却间隔"是用来解决轮廓比较密集时局部集中切割引起局部过热进而造成影响切割质量的问题。（　　）

6. 共边切割的工件引线只能添加或移动到零件的尖角处。（　　）

三、简答题

1. 使用 cncKad 软件为零件添加微连接有哪几种方式？

2. 内外轮廓的微连接范围如何设置？请简要描述。

3. 激活"切割优化"有哪些方式？

4. 请简要描述程序原点修改的操作步骤。

项目 7

拓展功能

项目描述

前面的项目介绍了为工件添加切割路径及优化切割路径的方法，本项目主要介绍几个软件使用过程中经常遇到的问题及其解决办法。如：

①在使用 cncKad 软件时会遇到在设置零件材质及厚度时没有找到对应的材质或厚度的问题，此时应该如何新建材质及厚度呢？

②在导入零件之后发现零件的材质或者厚度设置错误，此时就需要更改零件的材质及厚度，那么怎么修改导入零件的材质及厚度呢？

③在使用软件过程中出现了软件设置正确，生成的加工路径却未按照设置生成、软件出现异常报警等问题时应该如何解决？

通过本项目的学习，学生可以了解并掌握软件基本设置修改、新建与修改材质及厚度的方法、问题报告生成的方法及加工报告的设置等。

任务 1 软件基本设置

（1）语言设置

如图 7.1 所示，点击设置菜单栏的"语言"可以进入软件语言的设置界面。软件包含 English、Chinese、Traditional Chinese、Russian、Japanese 等多国语言，国内一

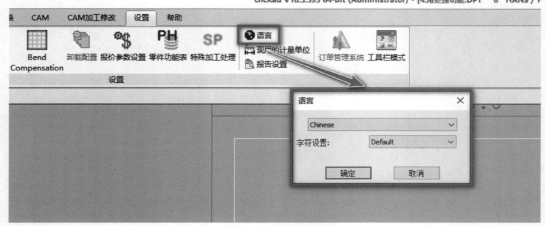

图 7.1 语言设置

般使用"Chinese"。

（2）计量单位

如图 7.2 所示，点击设置菜单栏的"现用的计量单位"可以进入"现用的计量单位"界面，在"现用的计量单位"界面可以进行软件的计量单位公制（mm）和英制（英寸）之间的切换，一般国内使用公制（mm）。

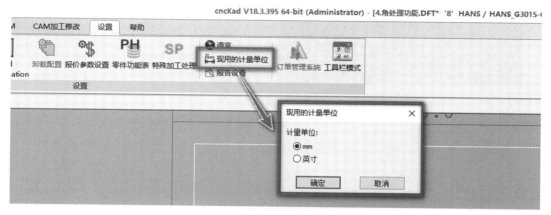

图 7.2　现用的计量单位

（3）背景颜色

如图 7.3 所示，点击设置菜单栏的"工作区设置"，在"工作区设置—显示"界面可以切换软件图形显示窗口的背景颜色。

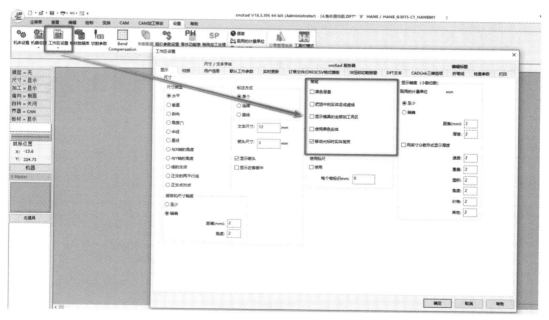

图 7.3　工作区设置—显示

如图 7.4 所示，左边为软件黑色背景的图形显示窗口，右边为白色背景的图形显示窗口。

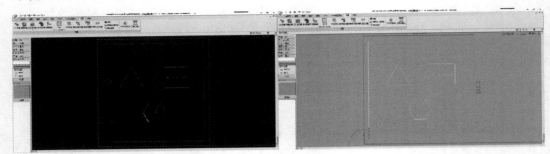

图 7.4　图形显示窗口（左黑、右白）

（4）工具栏模式

如图 7.5 和图 7.6 所示，软件的菜单栏有工具栏模式和 OFFICE 模式。

图 7.5　工具栏模式

图 7.6　OFFICE 模式

如图 7.7 所示，在 OFFICE 模式进入设置菜单栏，点击"工具栏模式"可以将软件的菜单栏 OFFICE 模式切换回工具栏模式。

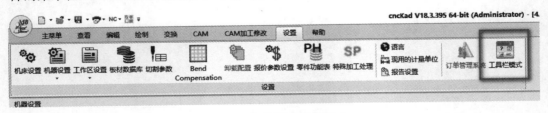

图 7.7　切换回工具栏模式

如图 7.8 所示，在工具栏模式下点击"设置"，然后点击"OFFICE 界面"可以将软件的菜单栏模式从工具栏模式切换回 OFFICE 模式。

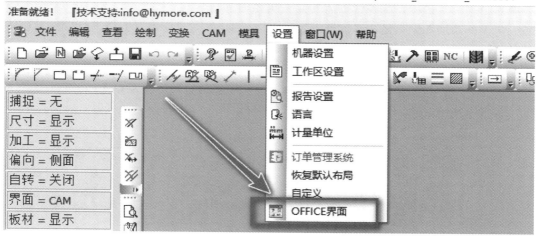

图 7.8 切换回 OFFICE 界面

任务 2 机型添加及设置

在软件使用时有时会遇到需要添加机型的情况。机型的添加删除及对应机型的相关设置是在软件的设置界面进行编辑的。软件当前添加的机型可以通过设置菜单栏下的"机床设置"进行查看，机型的添加和编辑需要在"机器设置"进行编辑。

（1）机床设置

如图 7.9 所示，鼠标左键点击"机床设置"，此时会出现软件已添加的三种机型供选择。机型前方的单引号中的字母或数字为设置的对应机型输出程序的后缀名。如'8'对应的机型输出的程序的后缀名为".8NC"。

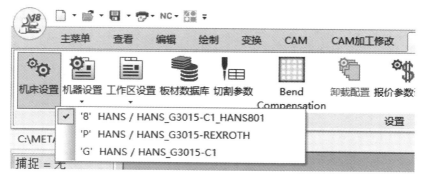

图 7.9 机床设置

机床设置是用来选择当前软件的机床型号，一般是一个软件为多种不同型号机床同时提供编程服务时才会添加多个机型，需要输出哪种机型的程序就选择哪种机型。当软件只为一台机床，或多台机床为同一机型时才仅添加一款机型，此时机床无须设置。机型的添加和删除是在"机器设置"中进行编辑，"机床设置"只进行软件当前使用的机型的切换和查看。

（2）机器设置—机器

图 7.10 所示为 cncKad 软件两个界面下的"机器设置"界面。点击 cncKad 模式下的"机器"或 AutoNest 模式下的"机床"都可以进入"机器设置—机器"界面。

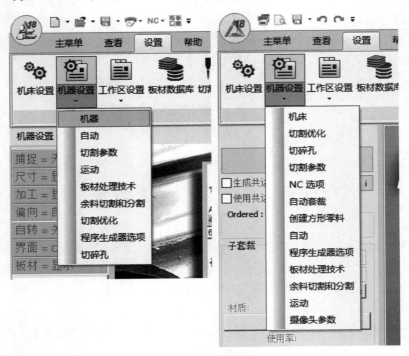

图 7.10　机器设置

图 7.11 所示为"机器设置—机器"界面，使用这个界面的"机器选择"和"机床定义"可以进行机型的添加、删除和加工范围的定义。

"机器选择"可以用来添加删除机床型号以及进行机型相关设置。软件的后置里包含多个机床型号，软件安装之后需要根据光纤激光切割机的系统选择对应的机型。

图 7.12 为点击"机器选择"后的界面，在这个界面可以通过左右两个剪头将机型从"机器型号"添加进"已选用的机器"或者从"已选用的机器"中移除。"当前机器"为当前调用的机型；"ID 字符"是当前机器在输出 NC 程序时的程序文件的格式，如 ID 字符为"8"，则程序后缀名为".8 NC"；"编辑机器文件"下方是当前机床的一些设置文件，这些文件不能随意修改，只有在专业工程师的指导下才可以打开进行修改。

图 7.11　机器设置—机器

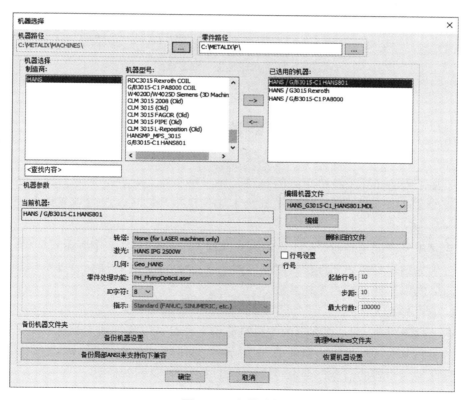

图 7.12　机器选择

"机床定义"用来定义机床可以加工板材的大小范围。比如当前后置支持 801 系统，但是 801 系统的设备幅面有 3015、4020、6025 等，这就需要在这里进行机床加工范围的设置。

图 7.13 为"机床定义"的"加工范围"界面，在该界面可以将预定义工作范围列表导入左边的表格来定义加工范围，也可以直接在左边的表格手动输入需要设置的机床加工范围，设置完毕后点击"确定"。

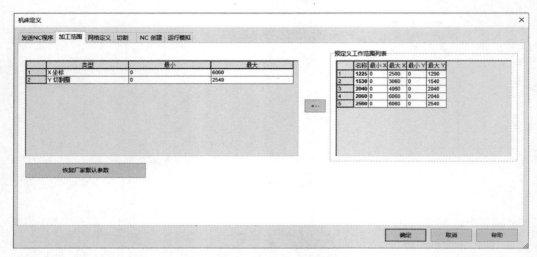

图 7.13　机床定义—加工范围

任务 3　新建材质及厚度

由于在工程的实际工况中用到的材料及厚度种类很多，在导入零件图形选择材质厚度时软件本身预设的材质及厚度类型远不能满足生产需求，此时就需要新建材质及厚度。

新建材质及厚度功能在 CAM 软件的"设置"工具栏下"工作区设置"的"材质"界面，分别为编辑材料表和板材数据库，如图 7.14 所示。在材质和厚度都创建了之后还要为对应的厚度设置切割工艺参数。

（1）编辑材料

点击"编辑材料表"，在弹出的"材料清单"窗口可以添加或者删除材料，也可以对现有的材料信息进行编辑，如图 7.15 所示。

①该区域为材料的信息，点击对应的项目可以修改材料的信息。

②"打印"可以用来打印当前的材料清单。

③点击"添加材料"可以新增材料的类型，在弹出的窗口输入需要新建的材料名

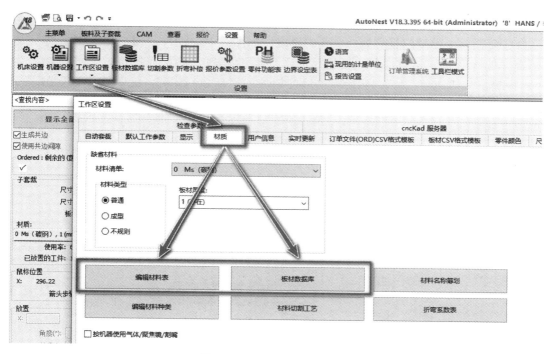

图 7.14　工作区设置—材质

称，点击"确定"即可。

④可以缩放和展开材料的详细信息。

No	名称	Tonnage [Kg/mm2]	Density [Gr/cm3]	最小间隙 %	最好间隙 %	最大间隙 %	机器名称	材质级别	价格/K g	材料ID	机器名称 2	材料列表	折弯K 因数	板面喷油	折弯工艺材质列表	V钻孔 [m/min]	Z/D 钻孔 [1/rot]	镜像O K	纹理方向
0	Ms（碳钢）	42.5	7.8	20	22.5	25	Ms	0	0.7		0	Steel	0.4	No	0 BT_	35	0.02	NO	NO
1	Aluminium（铝合金）	24	2.7	15	17.5	20	A1050-	2	3		1	Aluminium	0.4	No	2 BT_	75	0.0275	NO	NO
2	sus（不锈钢）	60	7.8	25	27.5	30	SUS	1	5.5		2	Stainless	0.4	No	1 BT_	6	0.015	NO	NO
3	Galvanized（镀锌板）	50	10	20	22.5	25	Acid-M	1	0.8		3	Galvanize	0.4	No	1 BT_	12	0.018	NO	NO
4	Aluminium-5052（铝）	24	2.7	15	17.5	20	A5052	2	4.5		4	Aluminium	0.4	No	2 BT_	75	0.0275	NO	NO
5	mirr-sus（镜面不锈钢）	60	7.8	25	27.5	30	SUS	1	5.5		2	Stainless	0.4	No	1 BT_	6	0.015	NO	NO
6	acid-ms（酸洗板）	50	10	20	22.5	25	SECC	1	0.8		3	Galvanize	0.4	No	1 BT_	12	0.018	NO	NO
7	Copper（铜）	24	2.7	15	17.5	20	A1050-	3	3		7	Copper	0.4	No	2 BT_	75	0.0275	NO	NO
8	Brass（黄铜）	24	2.7	15	17.5	20	SPC	4	3		8	Brass	0.4	No	2 BT_	75	0.0275	NO	NO
9	Plastic（塑料）	24	2.7	15	17.5	20	A1050-	12	3		9	Plastic	0.4	No	2 BT_	75	0.0275	NO	NO
10	Titanium（钛）	80	7.8	25	27.5	30	Titaniu	1	5.5		2	Stainless	0.4	No	1 BT_	6	0.015	NO	NO

图 7.15　编辑材料清单

（2）编辑厚度

编辑厚度也就是新建对应厚度的板材，点击"板材数据库"就可以新建对应材质的板材。

①复制一个厚度的板材到一个新的厚度。如图 7.16 所示，点击"板材数据库"会出现"板材尺寸"界面，在"板材尺寸"界面设置需要的材质厚度，例如：材质为"0Ms 碳钢"，厚度为"1"，然后点击厚度后方的"新建/复制"，此时软件就会出现一个"复制厚度"的弹窗，在这里输入需要创建的厚度，然后点击"确定"，此时一个新的厚度就被创建成功。

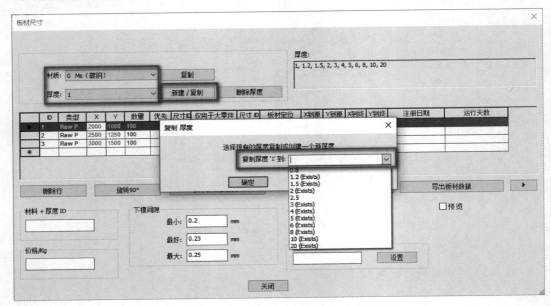

图 7.16　复制一个厚度的板材到一个新的厚度

②复制一个材质的板材到一个新的材质。如图 7.17 所示，点击"板材数据库"会出现"板材尺寸"界面，在"板材尺寸"界面设置好需要的材质，然后点击材质后方的"复制"，此时会出现一个"复制材质"的弹窗。输入新的材质的名称之后点击"确定"，此时新的材质就会被成功创建。同时，新创建的材质下的板材厚度和被复制的材质厚度一致。

③新建切割参数。在新建了一个厚度时某些厚度后方的括号里会显示"存在"，有的会不显示。没有显示"存在"是因为没有对应厚度的切割参数。在切割参数里针对每一个材质及厚度，软件都会独立保存与材质厚度匹配的切割参数，包括分层、引线、补偿等参数。如图 7.18 所示，点击"切割参数"可以进入"切割加工工艺表"界面。设置好对应的材质厚度之后点击厚度后方的"新建/复制"会出现一个"复制厚度"的弹窗，勾选"同时复制几个图和常规参数"，输入需要复制的厚度后点击"确定"。此时原来厚度对应的切割参数就被复制到了新的材质厚度里。在复制切割参数时建议复制一个相近厚度的切割参数到一个新的厚度。

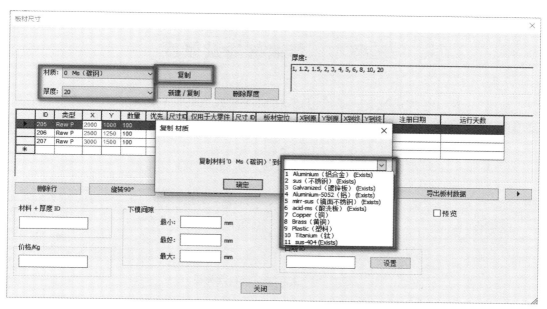

图 7.17　复制一个材质的板材到一个新的材质

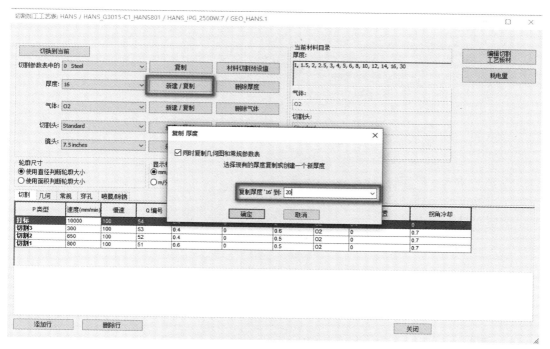

图 7.18　新建切割参数

任务 4   修改材质及厚度

使用 cncKad 模式进行编程或使用 AutoNest 模式进行套料编程，在导入零件后想要修改零件的材质厚度应该如何操作呢？

（1）cncKad 模式下修改零件材质及厚度

①如图 7.19 所示，点击"主菜单"，点击"板料及夹钳"。

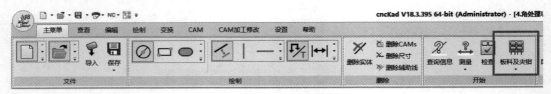

图 7.19   主菜单—板料及夹钳

②如图 7.20 所示，在"设置板料及夹钳"界面修改材质、厚度后点击"确定"，即可修改材质厚度。

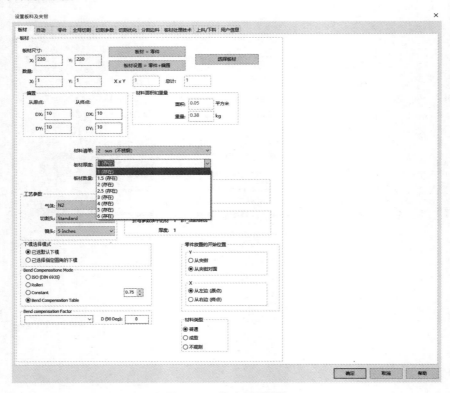

图 7.20   修改材质厚度

（2）AutoNest 模式下修改零件材质及厚度

①如图 7.21 所示，点击"主菜单"，点击"订单数量"。

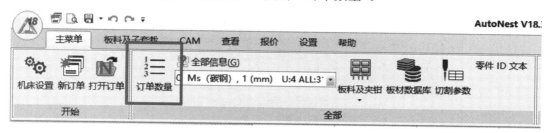

图 7.21　主菜单—订单数量

②如图 7.22 所示，在"编辑/扩展订单"界面修改对应的材质及厚度之后点击"确定"即可完成导入后的零件的材质及厚度的修改。注意：修改后需要点击"确定"，不能一键自动处理，自动处理后会恢复原来的材质及厚度。

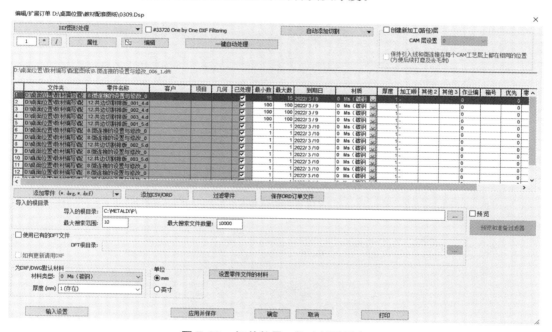

图 7.22　订单数量—修改材质厚度

任务 5　问题报告设置

当用户在使用软件的过程中出现了错误或问题而无法自行解决时就可以生成问题报告文件发送给 cncKad 的服务人员。此报告会包含问题发生时使用的机器、零件、排版、加载的模具等相关信息，这样可以很方便地让软件开发人员重现出现问题的场景，更快速地为客户解决问题。具体的生成步骤如下：

①如图 7.23 所示，点击"帮助"菜单下的"错误报告"。

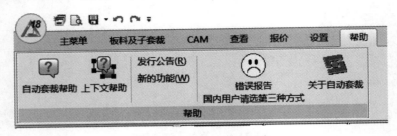

图 7.23　帮助—错误报告

②如图 7.24 所示，在"问题描述"界面输入问题概述，选择问题类型，填写详细的问题描述，全部补充完成后点击"下一步"。问题描述清楚有助于工程师判断问题。

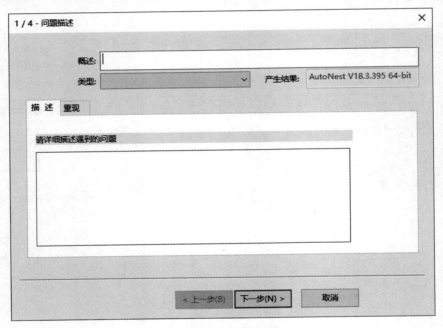

图 7.24　描述问题信息

③如图 7.25 所示，在"联系信息"界面填写个人信息，方便工程师在判断问题或者解决完问题后联系自己。填写完成后点击"下一步"。

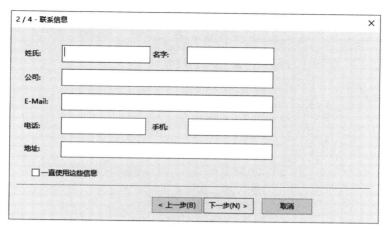

图 7.25　填写个人信息

④如图 7.26 所示，在"内容选项"界面选择"当前的机床"后点击"下一步"。

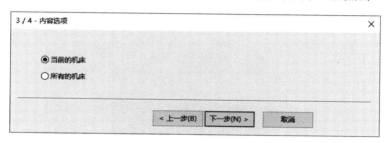

图 7.26　选择"当前的机床"

⑤如图 7.27 所示，在"其他说明"界面直接点击"完成"。

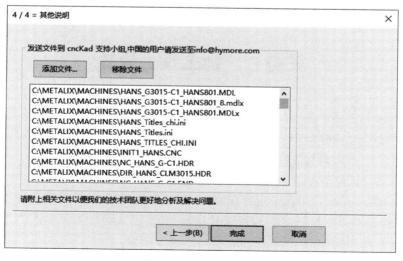

图 7.27　点击"完成"

⑥如图 7.28 所示，点击"完成"会弹出图中对话框，在对话框中选择第三种方式，点击"浏览"，设置问题报告保存的位置为"桌面"。设置完成后点击"确定"

图 7.28 保存报告到本地

⑦如图 7.29 所示，点击"确定"后会在桌面生成一个 .mpru/mpr 的文件，此文件就是问题报告，将此文件发送给负责问题处理的工程师或者直接发送邮件至邮箱：info@hymore.cn。

图 7.29 问题报告复制完成

注意：问题报告必须是在出现问题的状态下保存，不然开发人员无法重现使用的场景。

任务6 加工报告设置

在 cncKad 软件两个界面的"设置"菜单栏都可以进行软件的报告设置。输出加工报告需要安装 Microsoft Office Word 2010 或以上的版本，目前不支持 WPS。

（1）cncKad 模式的报告设置

图 7.30 为 cncKad 模式下的报告设置界面。在 cncKad 模式下进行 cncKad 报告设置首先进入设置菜单栏，单击"报告设置"，此时会弹出"cncKad 报告设置"的窗口，文件格式一般选择"DOC"，NC 报告模板选择"RPT_CHI_Cut.doc"，设置完成后点击"确定"，此时 cncKad 模式的报告就已经设置完成。

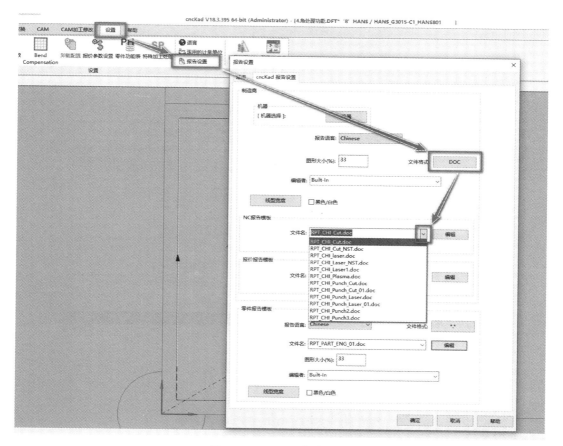

图 7.30　cncKad 报告设置

在进行报告设置时还可以根据自己的需求选择报告模板，不同的模板会有不同的信息和排版，在选择模板时可以点击"NC 报告模板设置"的"编辑"按钮，这样可以预览选择的报告模板的内容。图 7.31 为"RPT＿CHI＿Cut. doc"模板，图 7.32 为"RPT＿CHI＿Cut＿NST. doc"模板，两个模板中，一个纸张方向为纵向，一个纸张方向为横向，模板中的信息内容相同。

@PATH_NAME_EXT　　**@DATE**

@<<PICTURE>>

- 零件

NC 文件名: @FILE			客户: @CUST	
图档号码: @DRAWNUM		日期: @DATE	版本: @NOTE2	
序列号: @NOTE1	描述: @DESCR			

板材　　　　板材数量: @NUM_OF_SHEETS

材质: @MATERIAL	板材尺寸: @SHEETD	厚度= @THK
零件数量: @PART_NUM	零件尺寸: @PART_DIM	
零件重量: @PRT_WGHT	板材重量: @SHT_WGHT	

机器型号: @MODEL

程序

号码: @PROGNUM	长度: @PROGLNG	编程员: @PROGR
注释: @NOTE3		

工作时间(min:sec)

行程: @MOVE_T	切割: @CUT_T	割孔: @PIERC_T
行程长度: @MOVE_LEN	切割长度: @CUT_WAY	割孔数量: @PIERC_NUM
总计时间: @PROC_T		

零件名		DX	DY	数量
@PB_N @NPART		@PB_DX	@PB_DY	@QTY

图 7.31　"RPT_CHI_Cut.doc"模板

File: @PATH_NAME_EXT　　　　Date: @DATE

@<<PICTURE>>

NC 文件名: @FILE		客户: @CUST		
注释: @NOTE3		日期: @DATE	序列号: @NOTE1	

板材　　　　板材数量: @NUM_OF_SHEETS

材质: @MATERIAL	板材尺寸: @SHEETD	厚度=@THK	板材重量:@SHT_WGHT	零件数量:@PART_NUM

工作时间 (min:sec)　　　　机器型号: @MODEL

行程: @MOVE_T	切割: @CUT_T	割孔: @PIERC_T	总计时间: @PROC_T
行程长度: @MOVE_LEN	切割长度: @CUT_WAY	割孔数量: @PIERC_NUM	

零件名		DX	DY	数量
@PB_N @NPART		@PB_DX	@PB_DY	@QTY

图 7.32　"RPT_CHI_Cut_NST.doc"模板

（2）AutoNest 模式的报告设置

图 7.33 为 AutoNest 模式的自动套裁报告设置界面。在 AutoNest 模式下进行自动套裁报告设置首先进入"设置"菜单栏，单击"报告设置"，此时会弹出"自动套裁报告设置"的窗口，套裁报告选择"使用自动套裁报告（DOC）/TXT 报告"，模板文件选择"RPT _ AN _ SN _ CHI _ LASER. doc"，设置完成后点击"确定"，此时AutoNest 模式的自动套裁报告就已经设置完成。

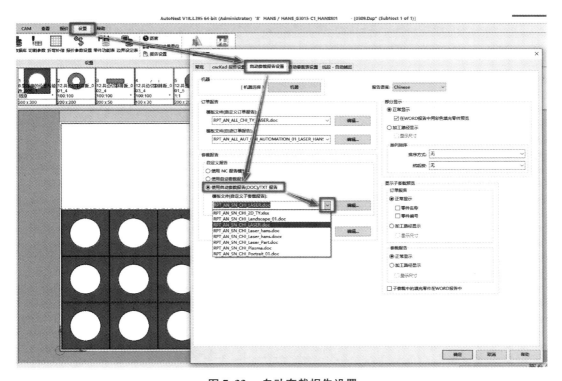

图 7.33　自动套裁报告设置

同样地，在选择报告模板时可以根据自己的需求进行选择，模板中的信息可以通过"编辑"按钮进行模板内容预览。图 7.34 为"RPT _ AN _ SN _ CHI _ 2D _ TY. xlsx"模板，图 7.35 为"RPT _ AN _ SN _ CHI _ Laser _ hans. doc"模板，图 7.36 为"RPT _ AN _ SN _ CHI _ LASER. doc"模板，三个模板的区别在于文件格式以及模板中的内容信息，在选择模板时可以根据需求来选择。

图 7.34　"RPT＿AN＿SN＿CHI＿2D＿TY. xlsx"模板

订单名称	@O_NAME			日期:@O_DATE_DMY, @O_TIME_NOSEC	
程序名称	@SN_SN_NAME		机 床	@MODEL_NAME	
材 料	@SN_MAT	厚 度	@SN_THK mm	板材尺寸	@SN_SIZE_X × @SN_SIZE_Y
				加工数量	@SN_QNT 张
加工时间	@SN_TOTAL_PROC_TIME	利用率	@SN_EFF %	使用尺寸	@PARTS_RECT_RIGHT ×@PARTS_RECT_TOP
切割总长	@SN_CUT_LEN mm	单 价		切割费用	
穿孔次数	@SN_PIERCE_QTY	单 价		穿孔费用	
材料费用		编程费用		费用合计	
	@SN_PREV				

序号	图号名称	编辑图	生产批号	材料 @O_LU	厚度 @O_LU	需求数量	排样数量	重量 @O_WU	零件加工时间	穿孔次数	切割长度 @O_LU
@P_NUM	@P_FNAME	@P_PREV@		@P_MAT	@P_THK	@P_REQ_QNT	@P_PLC_QNT	@P_WHT	@P_TOTAL_CUT_MACHINE_TIME	@P_COSTING_PIERCE_QNT	@P_COSTING_CUT_LEN

HAN'S LASER

图 7.35　"RPT＿AN＿SN＿CHI＿Laser＿hans. doc"模板

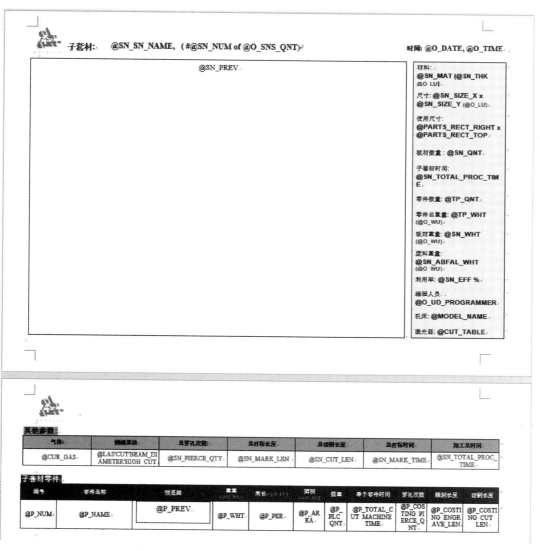

图 7.36　"RPT ＿ AN ＿ SN ＿ CHI ＿ LASER. doc"模板

课后习题

一、填空题

1. 软件的菜单栏有工具栏模式和＿＿＿＿＿＿＿＿＿＿。

2. 点击 cncKad 模式下的"＿＿＿＿＿＿＿＿＿"或 AutoNest 模式下的"＿＿＿＿＿＿＿＿＿"都可以进入"机器设置—机器"界面。

3. 新建材质和厚度功能在 CAM 软件的 "＿＿＿＿＿＿＿＿＿＿＿" 工具栏下的 "＿＿＿＿＿＿＿＿＿＿＿" 界面。

二、判断题

1. 如 ID 字符为 "8"，则程序后缀名为 ". 8 NC"。   （　　）

2. 在新建了一个厚度时一定会在厚度后方的括号里显示 "存在"。 （　　）

3. 机床定义用来定义机床可以加工板材的大小范围。   （　　）

4. "ID 字符" 是当前机器在输出 NC 程序时的程序文件的格式。 （　　）

5. 在材质和厚度都创建了之后不需要再为对应的厚度设置切割工艺参数。（　　）

三、简答题

1. 如何复制一个材质的板材到一个新的材质？请详细描述。

2. 如何新建切割参数？请详细描述。

3. 请简要描述 AutoNest 模式的报告设置步骤。

第三部分

激光切割软件（cncKad）实训

项目8

单个零件案例

项目描述

在生产的现场，在对零件进行编程时需要对软件的功能进行综合的灵活使用，只有熟练掌握软件的所有功能才有能力应对生产过程中的各项任务。在实际操作情景下，软件的各项功能只是我们达成任务目标的手段，在进行编程之前还有非常重要的一步，就是对加工任务进行分析，之后才是根据分析结果选择合适的软件功能来达到需要的编程效果。在实际生产情景下还会出现对程序路径进行再次编辑的情况，也就是结合生产情景来不断优化程序。单个零件加工路径的添加是零件整版加工的基础，部分情况下也存在对单个零件生产加工的情况。所以具备在 cncKad 模式下进行单个零件编程的能力是身为一个编程人员必须掌握的技能。

本项目主要讲解针对单个零件进行编程的两个案例，一个是针对工艺品零件的编程，一个是针对普通零件的编程。通过本项目的学习可以让学生在进行软件编程时有分析任务、选择软件功能的意识，并且在进行零件编程时能够熟练灵活地应用软件功能。

任务 1　工艺品切割编程

（1）任务分析

如图 8.1 所示，需要编程的图形为工艺品零件。工艺品零件一般作为装饰使用，零件内部为封闭轮廓，内轮廓需要切割或者打标且内轮廓存在细小不规则轮廓。图中小提琴零件的加工要求：

①使用 1 mm 不锈钢材质加工，不锈钢表面无需除锈，若有镀膜需要进行喷膜。

②零件内部有两个圆形轮廓和若干的未封闭直线。部分未封闭轮廓要求打标或者切割。因为需要切割和打标的直线穿过了圆孔，所以切割时要先加工未闭合直线再切割圆孔（在 CAD 中将穿过圆孔的直线

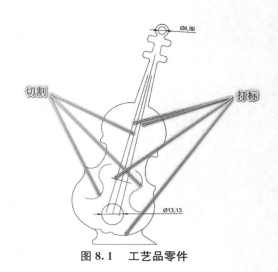

图 8.1　工艺品零件

部分删除也可以）。

　　③单个零件加工，生产时一般不使用寻边，使用寻边需要设置零件到板材边缘偏置，手动对刀使用"板材＝零件"。

　　④要考虑零件加工完成后是否会翻转影响切割头移动和零件是否会掉落废料车不方便拾取。在编程时要酌情在零件合适的位置添加适当数量的微连接。

　　（2）任务目标

　　①导入零件：材质为不锈钢（sus）、厚度为 1 mm；

　　②所有闭合轮廓全部分为第一层；

　　③蓝色未闭合实线轮廓打标；

　　④白色、红色未闭合实线轮廓切割；

　　⑤该零件为工艺品，无引入引出；

　　⑥该零件为工艺品，使用无补偿切割；

　　⑦外轮廓起刀位置需要加入 0.5 mm 微连接；

　　⑧设置板材大小为"板材＝零件"；

　　⑨可以生成 NC 并模拟；

　　⑩发送到磁盘。

　　（3）任务实施

　　①导入零件。如图 8.2 所示，导入零件时"图层过滤"取消勾选"文本"层，其他切割层保持原来的颜色和线型。如图 8.3 所示，材质设置为"2 sus（不锈钢）"，厚度设置为"1（存在）"（单位：mm）。勾选"将会以无割缝补偿方式切割"，点击"确定"。

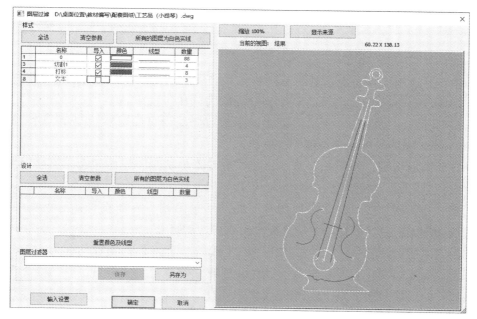

图 8.2　图层过滤

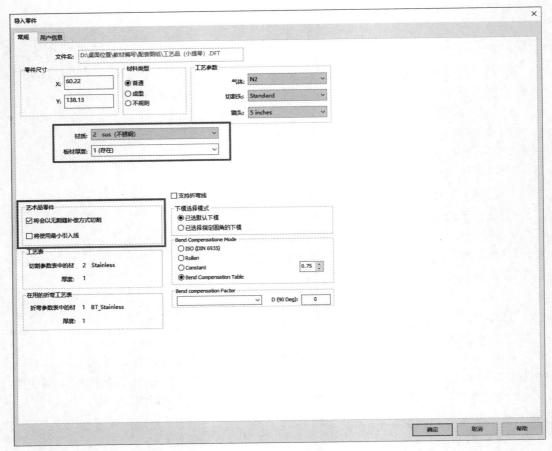

图 8.3　导入零件

②检查。点击检查功能，对图形进行错误检查及修复，由于该零件本身就有不闭合轮廓，所以只要确保图形除了不闭合轮廓外无其他的问题即可。

③切割参数。如图 8.4 所示，设置切割参数分层为只保留"切割 1"层，范围为 2～9999 mm，引线长度及补偿值无需修改。

④自动添加切割。如图 8.5 所示，在"自动添加切割"界面勾选"将会以无割缝补偿方式切割"和"快速切割（无引入/引出）"。

如图 8.6 所示，在"自动添加切割"的"切割工艺"界面设置：蓝色实线雕刻、红色实线切割、白色实线切割。设置完成后点击"运行"。

如图 8.7 所示，软件"自动添加切割"生成的加工路径外轮廓的起刀点位置在圆弧轮廓上，激光切割在起刀和收刀位置总会留有一丝痕迹，为提升工件边缘的美观性可以使用"CAM"菜单栏下的"修改轮廓引入点"来将起刀位置移动到"合适的起刀位置"。此位置为轮廓拐角处，适合起刀以及添加引线。点击"CAM"菜单栏的"增加微连接"，在外轮廓引线位置添加 0.5 mm 的微连接。

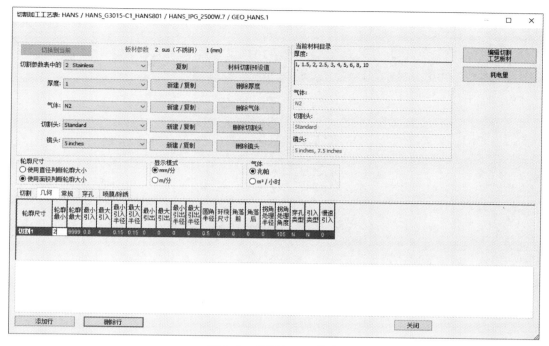

图 8.4　切割加工工艺表

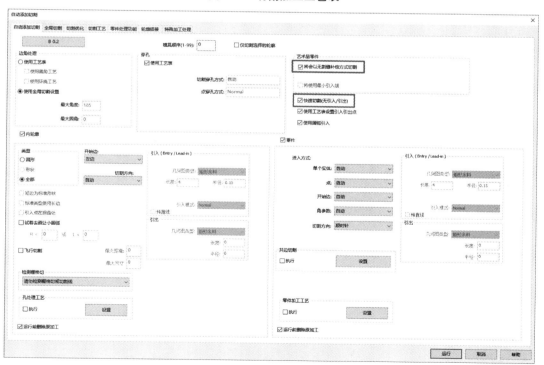

图 8.5　自动添加切割

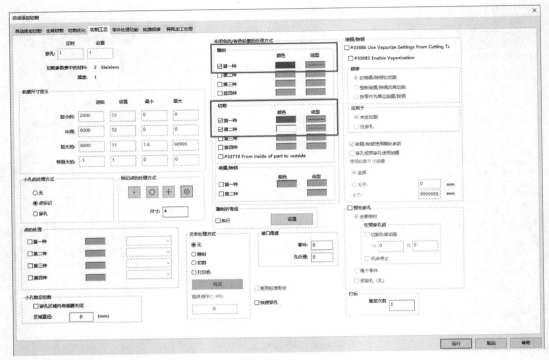

图 8.6   自动添加切割—切割工艺

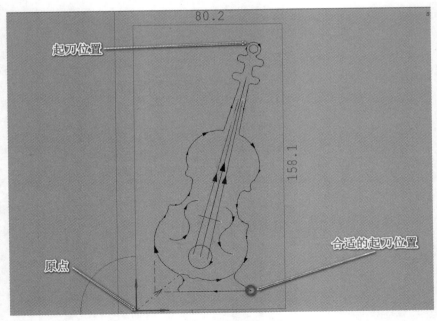

图 8.7   自动添加切割后路径分析

⑤板料及夹钳。如图 8.7 所示，原点到零件之间是留有安全边距的，由于是单个零件加工，在板材上手动对刀时会留有安全边距，所以要在"板料及夹钳"设置"板

材＝零件"。图 8.8 为设置"板料＝零件"后的零件界面。

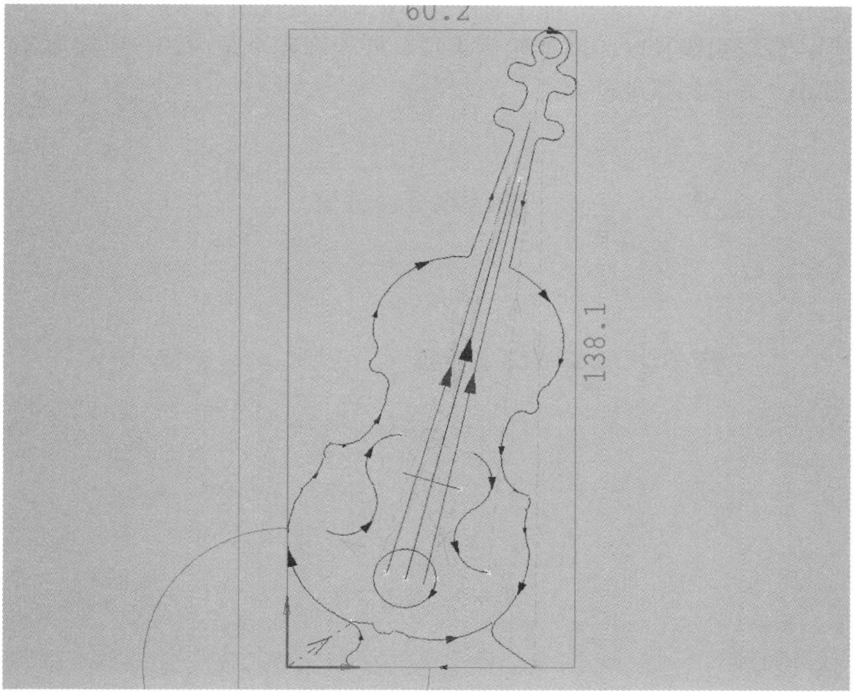

图 8.8 优化后零件路径界面

⑥NC。点击"NC"输出程序，NC 的步骤无需其他设置。

⑦模拟。在模拟界面模拟程序运行路径，加工方式及加工顺序无误后就可以发送程序到磁盘。

⑧发送到磁盘。发送程序到磁盘的操作见项目 3 的任务 2。

任务 2　普通工件切割编程

（1）任务分析

如图 8.9 所示，需要加工的图形为一个普通工件。普通工件一般当做组装的零件使用，在加工时对零件的尺寸精度有要求。图中零件的加工要求：

①使用 16 mm 碳钢板加工。

②零件内"HAN'S LASER"打标。

③零件内有 $\Phi2.55$ mm 孔六个、$\Phi4.55$ mm 孔四个、内轮廓以及一些较窄的矩形轮廓。加工时为保证每种小孔的精度一般会把大小相差过大的孔分在不同的切割层，且为了防止加工窄长内轮廓时工件变形，需要先加工窄长轮廓顶端的小孔。针对

Φ2.55 mm 的小孔需要判断设备是否有能力加工，可以的话就直接生成切割路径，不可以的话就进行标记处理，待零件加工后依照标记的位置使用钻床进行加工。

④圆形内轮廓引线长度为圆形轮廓半径，外轮廓四个角内凹，引线要添加在拐角位置且半径小于内凹圆弧半径。

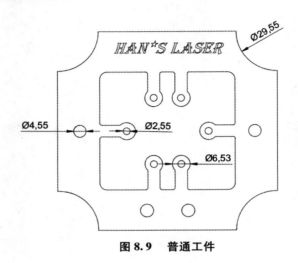

图 8.9　普通工件

（2）任务目标

①导入零件：材质为 ms（碳钢）、厚度为 16 mm；

②"HAN'S LASER"打标；

③分层：Φ2.55 mm 的圆为小孔，Φ4.55 mm 的圆分在第二层，其他轮廓分在第一层；

④第一层补偿 0.6 mm，第二层补偿 0.5 mm；

⑤在尖角添加拐角暂停；

⑥Φ2.55 mm 的小孔进行标记处理，标记样式十字，尺寸 6 mm；

⑦外轮廓引入线 8 mm 左下角顺时针引入；

⑧设置预穿孔；

⑨零件到板材距离 0.5 mm；

⑩可以生成 NC 并输出报告。

（3）任务实施

①导入零件。如图 8.10 所示，导入零件时"图层过滤"取消勾选"文本"层（文本内容为标注及任务目标），图层的颜色线型不转化为白色实线，保留"HAN'S LA-SER"的线条颜色为蓝色实线。材质设置为 ms（碳钢），厚度设置为 16 mm。

②检查。使用检查功能检查零件是否有重复线、断线。

③切割参数。如图 8.11 所示，在"切割加工工艺表—几何"中设置：

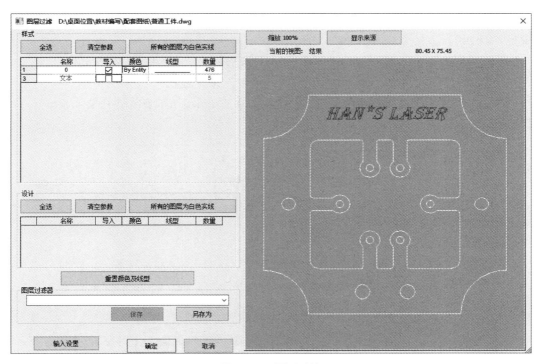

图 8.10 图层过滤

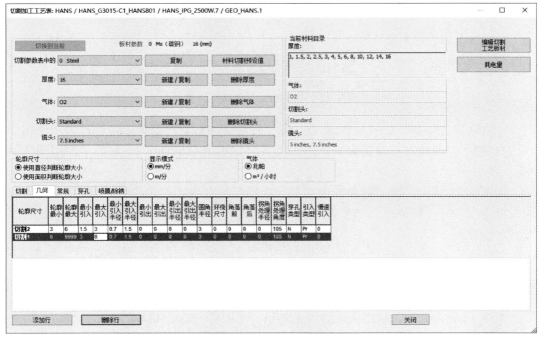

图 8.11 切割加工工艺表—几何

分层：使用直径判断轮廓大小、切割 2 的轮廓范围为 3～6 mm、切割 1 的轮廓范围为 6～9999 mm。

引线：切割 2 的引线长度为 1.5～3 mm、切割 1 的引线长度为 3～8 mm。

如图 8.12 所示，在"切割加工工艺表—切割"中设置：

补偿：切割 1 零件补偿 0.6 mm、内孔补偿 0.6 mm，切割 2 零件补偿 0.4 mm、内孔补偿 0.4 mm。

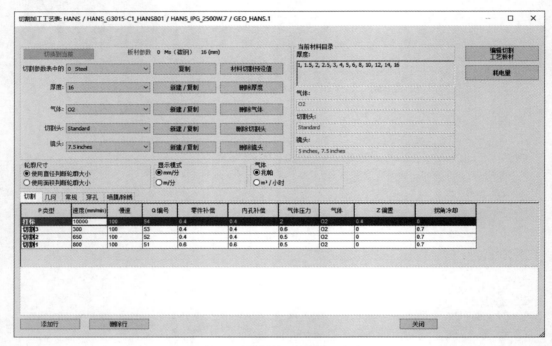

图 8.12　切割加工工艺表—切割

④自动添加切割。如图 8.13 所示，在"自动添加切割"设置边角处理为"使用全局切割设置"，引线方式设置为"使用工艺表设置引入引出点"，不勾选"使用圆弧引入"。

如图 8.14 所示，在"自动添加切割—全局切割"界面勾选冷却"开启"，冷却时间设置为"100"（单位：s）（实际暂停时间由机床设置决定，此处输入数值只是为了开启该功能）。

如图 8.15 所示，在"自动添加切割—切割工艺"界面设置"雕刻蓝色实线"，小孔处理方式为"点标记"，标记的方式为"＋"，尺寸"6"（单位：mm）。设置完成后点击"运行"。

图 8.16 为自动添加切割生成的加工路径。使用"CAM"菜单栏下的"修改轮廓进入点"将外轮廓引线移动至最左边下方尖角处，切割方向为顺时针。

图 8.13　自动添加切割

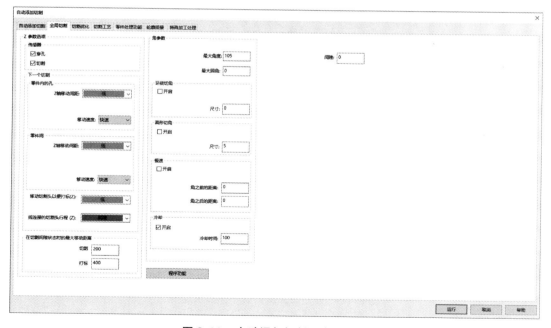

图 8.14　自动添加切割—全局切割

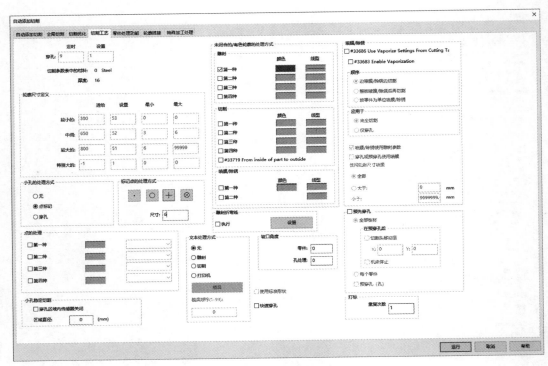

图 8.15　自动添加切割—切割工艺

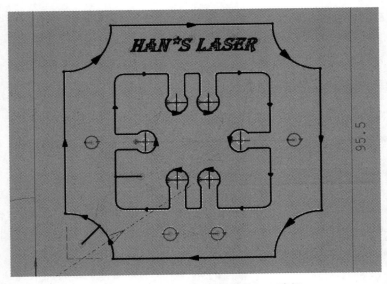

图 8.16　自动添加切割后零件加工路径

⑤板料及夹钳。如图 8.17 所示，在"设置板料及夹钳—板材"界面设置偏置为"0.5"（单位：mm）、"板材设置＝零件＋偏置"。

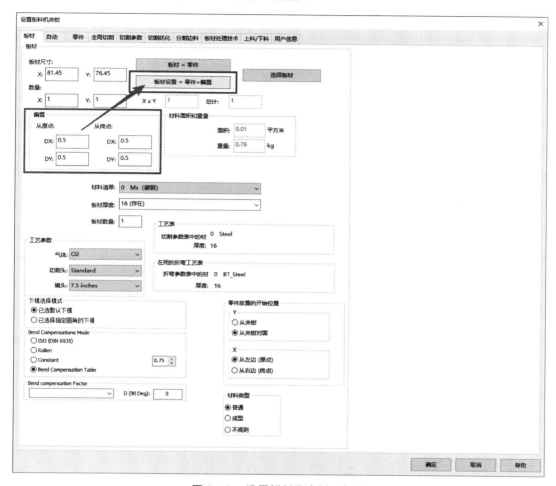

图 8.17　设置板料及夹钳—板材

如图 8.18 所示，在"设置板料及夹钳—切割参数"界面勾选"预先穿孔"，穿孔方式为"每个零件"。

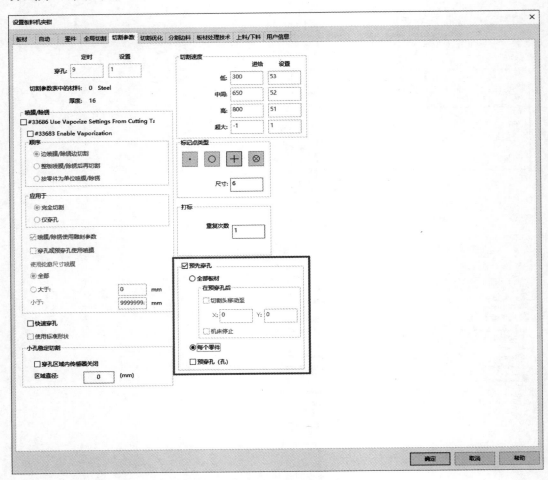

图 8.18　设置板料及夹钳—切割参数

图 8.19 为修改引线位置及板材偏置后的零件加工路径图形。

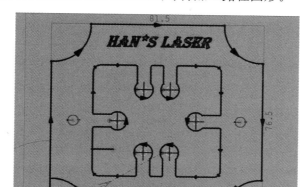

图 8.19 优化后零件加工路径图形

⑥NC。如图 8.20 所示，待加工路径都添加并优化完成后点击"NC"，"NC"设置"创建制造文件"。

图 8.20 创建制造文件

图 8.21 为生成的加工报告。

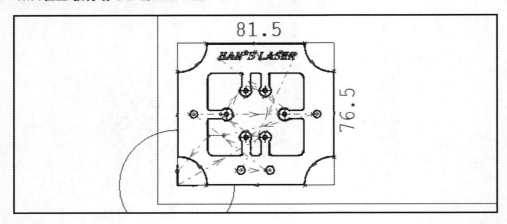

D:\桌面位置\教材编写\配套图纸\普通工件.DFT APR 01 2022

零件

NC 文件名: D:\桌面位置\教材编写\配套图纸\普通工件.ANC		**客户**:
图档号码:	**日期**: APR 01 2022	**版本**:
序列号:	**描述**:	

板材　　　　　　　　　**板材数量: 1**

材质: Ms（碳钢）	**板材尺寸: 81.5 X 76.5**	**厚度=** 16.0
零件数量: 1	**零件尺寸**: 80.5 X 75.5	
零件重量: 0.430 kg	**板材重量**: 0.78 kg	

机器型号: HANS_G3015-C1_HANS801

程序

号码:	**长度**: 16785	**编程员**:
注释:		

工作时间(min:sec)

行程: 00:06	**切割**: 25:54	**割孔**: 00:54
行程长度: 4264.3	**切割长度**: 700.4	**割孔数量**: 6
总计时间: 26:56		

	零件名	DX	DY	数量
1	D:\桌面位置\教材编写\配套图纸\普通工件	80.5	75.5	1

图 8.21　加工报告

⑦模拟。在模拟界面进行加工路径的模拟，通过模拟检查是否添加了预穿孔、加工顺序是否正确。图 8.22 为零件的模拟路径，通过加工路径可以判断预穿孔是否已经成功添加。

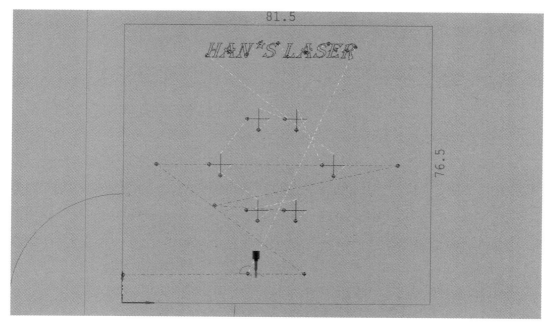

图 8.22　模拟—预穿孔

⑧发送到磁盘。发送程序到磁盘的操作见项目 3 的任务 2。

课后习题

一、按以下题目要求操作如图所示零件

1. 材质为不锈钢材质，厚度为 1 mm；
2. 成功导入零件；
3. 该零件为工艺品无引入引出；
4. 该零件为工艺品无补偿切割；
5. 全部分为第一层；
6. 外轮廓收刀位置需要加入 0.4 mm 的微连接；
7. 零件到板材的距离为 0；
8. 可以生成 NC。

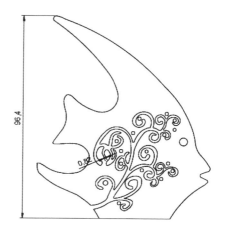

二、按以下题目要求操作如图所示零件

1. 材质为碳钢材质，厚度为 12 mm；

2. 拐角使用冷却；

3. 外轮廓第一层；

4. 内轮廓 4.8 mm 圆第二层；

5. 0.3 mm 小孔点标记；

6. 标记尺寸为 3 mm；

7. 外轮廓引入线 8 mm 左下角顺时针引入；

8. 零件到板材偏置为 2 mm；

9. 使用机器补偿；

10. 可以生成 NC。

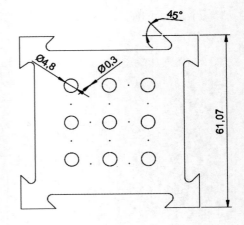

项 目 9

批量排版案例

项目描述

在生产现场，激光加工普遍都是以整版的形式进行加工的。整版套料，机床双工作台交替工作可以极大程度地提升激光加工的效率，而且整版进行套料对板材的利用率高，可以节约加工的成本。在单个零件编程时仅需要考虑单个零件加工的各种影响因素，在进行套料编程的时候还需要整体地考虑零件加工的各种状况。所以编程人员在掌握软件的各种功能的同时还要了解激光加工的相关知识。

本项目通过对一个套料编程实际案例的讲解让学生了解实际生产中套料编程的流程，结合现场情况分析案例的结果让大家能熟练使用套料软件中的功能。

任务 1　共边排版编程

（1）任务分析

如图 9.1 所示，图中两个矩形零件为本次要套料排版的工件。

①零件 1 为 150 mm×200 mm 的矩形，内轮廓有四个 Φ12 mm 的圆孔和一个 Φ40 mm 的圆孔；

②零件 2 为 80 mm×150 mm 的矩形，内轮廓有 "HAN'S LASER" 的文本需要打标；

③板材为若干张 1220 mm×2440 mm 的碳钢板；

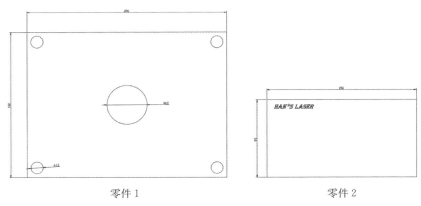

零件 1　　　　　　　　　　　　　　零件 2

图 9.1　共边排版工件

④零件 1 要求加工 120 个，零件 2 要求加工 240 个；

⑤Φ40 mm 圆孔和 Φ12 mm 圆孔分在不同的切割层；

⑥5 mm 碳钢不添加补偿时切割出来的工件误差为 0.2 mm；

⑦零件之间安全边距为 5 mm。

（2）任务目标

①成功创建订单；

②材料为 ms（碳钢）、厚度为 5 mm；

③有孔零件 120 个，无孔零件 240 个；

④ "HAN'S LANSER" 线条文本打标；

⑤Φ12 mm 小孔分在第二层，Φ40 mm 小孔分在第一层，其他轮廓分在第一层；

⑥板材大小为 2440 mm×1220 mm，零件到板材间距为 7 mm；

⑦采用共边切割，补偿值为 0.2 mm；

⑧为未利用完板材生成余料线；

⑨输出 NC 程序；

⑩输出加工报告。

（3）任务实施

①新建订单。新建订单，订单名称为 "0401"。

②订单数量。如图 9.2 所示，导入零件，材质为 "0 Ms（碳钢）"、厚度为 "5"（单位：mm），有孔零件 120 个，无孔零件 240 个。

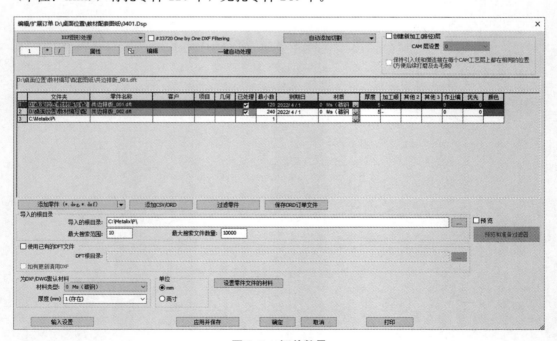

图 9.2 订单数量

③切割参数。如图 9.3 所示，在切割工艺表设置"切割 1"层轮廓范围为 20～9999 mm，引线长度范围为 3～4 mm；"切割 2"层轮廓范围为 3～20 mm，引线长度范围为 1.5～4 mm。

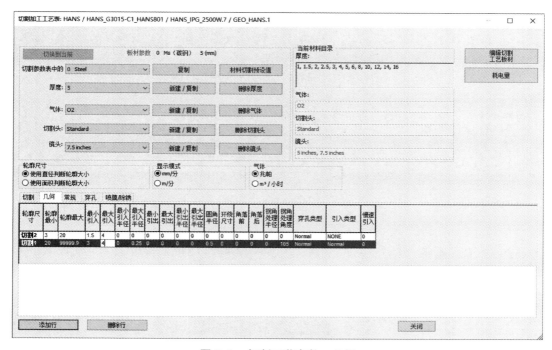

图 9.3　切割工艺参数—几何

如图 9.4 所示，"切割 1""切割 2"零件补偿值和内孔补偿值均为"0.2"（单位：mm）。

设置完成工艺参数后点击"订单数量"，此时会出现如 9.2 所示界面，点击右上角的"自动添加切割"。

如图 9.5 所示，在"自动添加切割—切割工艺"界面设置蓝色实线打标。

设置完成后点击"运行"，自动添加切割处理完成后点击"订单数量"界面的"应用并保存"，最后点击"确定"。

④板料及夹钳。如图 9.6 所示，在"设置板料及夹钳"界面设置板材大小为 2440 mm×1220 mm。

⑤全部信息。本次使用共边切割，无须在全部信息设置零件间隙。

⑥自动套裁。如图 9.7 所示，点击"自动套裁"，选择"高级自动套裁"，"自动套裁方向"的"原点"设置为"左下角"，"方向"设置为"下→上"（即自下往上），勾选"使用共边间隙""产生多个子套裁""删除当前多个子套裁"。设置完成后点击"运行"。

图 9.8 为自动套裁预览界面。

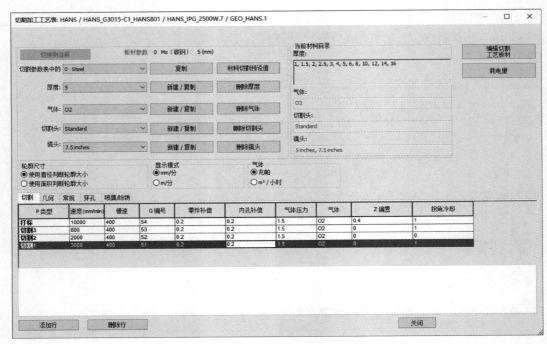

图 9.4　切割工艺表—切割

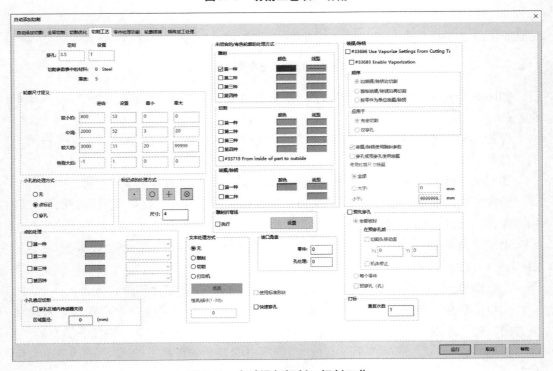

图 9.5　自动添加切割—切割工艺

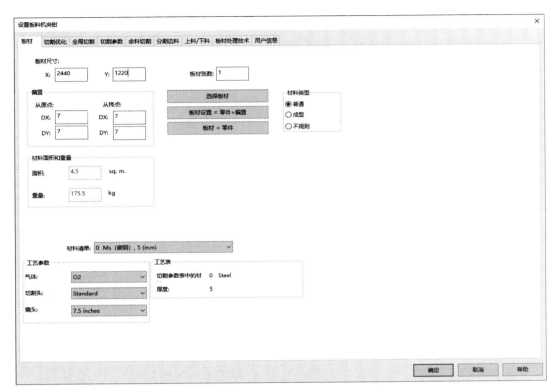

图 9.6　板料及夹钳—板材

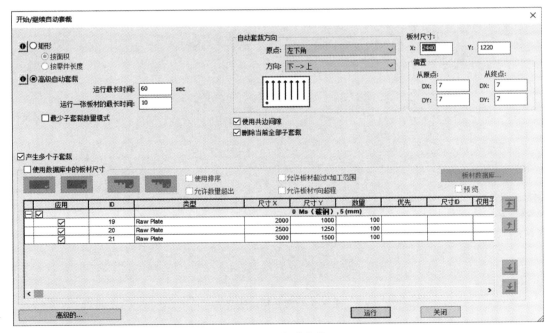

图 9.7　自动套裁

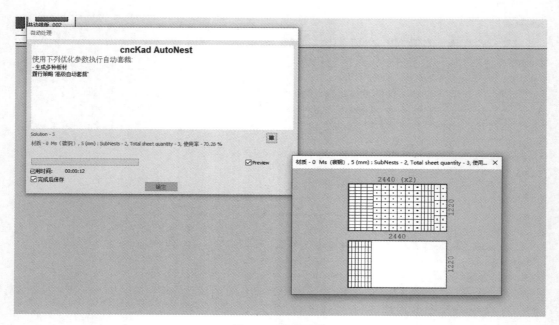

图 9.8　套裁预览

　　自动套裁一共套了 3 张板，其中图 9.9 为自动套裁生成的第一种排版样式，该排版样式有两张板。图 9.10 为第二种排版样式，该样式为一张板且板材未完全使用，可以为第二张板材添加余料线。

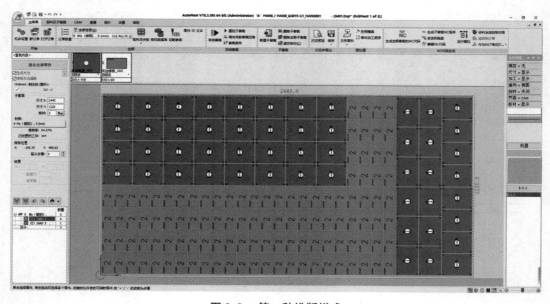

图 9.9　第一种排版样式

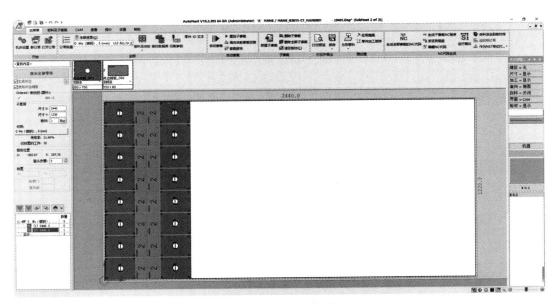

图 9.10　第二种排版样式

如图 9.11 所示，在"设置板料及夹钳—余料切割"界面勾选"启用自动切割余料线"，零件间隔设置为"5"（单位：mm）。设置完成后点击"确定"。

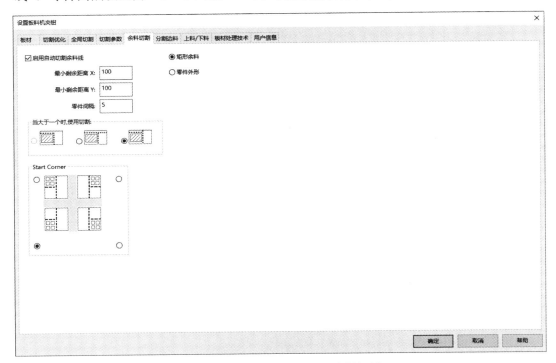

图 9.11　设置板料及夹钳—余料切割

⑦生成子套裁 NC 程序。点击"主菜单"下的"生成子套裁 NC 程序",为当前的子套裁生成 NC 程序。当第一种套裁输出 NC 无误后再切换界面为另一种子套裁,点击"生成子套裁 NC 程序"为当前套裁输出 NC 程序。

⑧运行模拟。调节模拟界面的速度倍率条到合适位置,然后点击"运行"模拟当前套裁的切割路径。检查路径无误后才可发送至机床加工以及输出加工报告。

点击"主菜单"下的"打印预览"生成本订单的加工报告,如图 9.12 所示。

HAN'S LASER

订单名称:	0401.Dsp		日期: 02.04.2022, 10:17	

程序名称:		机床:	HANS_G3015-C1_HANS801	
板材总数:	3 PIS	子套裁总数量:	2	
排样零件总数:	360	订单零件总数:	360	
备注:		加工总时间:	01:52:21	利用率:	94.33 %

排样列表:

序号	缩略图	板材X (mm)	板材X (mm)	使用尺寸 X	使用尺寸 Y	厚度 (mm)	材质 (mm)	单工件加工时间	总加工时间	NC 文件名	数量	板材 ID	利用率 %
1		2440	1220	2432.3	1208.5	5	Ms（碳钢）	00:49:41	01:39:23	0401 001	2	0	94.57
2		2440	1220	567.7	1208.5	5	Ms（碳钢）	00:12:59	00:12:59	0401 002	1	0	92.27

零件列表:

序号	零件名称 或图号	缩略图	材料	厚度	X	Y	需求数量	排样数量	重量 (kg)	加工时间	打孔次数	加工长度
1	共边排版_001		Ms（碳钢）	5	200	150	120	120	1.103	00:00:45	6	997.9
2	共边排版_002		Ms（碳钢）	5	150	80	240	240	0.468	00:00:21	1	464.6

零件名称/排样序号	1	2	
共边排版_001	52	16	
共边排版_002	112	16	

材料数据:

板材代码	材料	厚度	长	宽	使用板材数	备注
??MT_SIZE_ID	Ms（碳钢）	5	2440	1220	3	

图 9.12　加工报告

⑨发送到磁盘。发送程序到磁盘的操作见项目 3 的任务 2。

课后习题

按以下题目要求操作如图所示零件。

1. 成功新建订单并导入零件；

2. 材质为不锈钢，厚度为 6 mm；

3. 圆形零件 20 个、矩形工件 50 个、梯形工件 40 个；

4. 所有轮廓分在切割一层，引线长度 3 mm；

5. 内轮廓补偿值 0.2 mm，外轮廓补偿值 0.22 mm；

6. 板材大小为 2440 mm×1220 mm；

7. 零件到板材间距为 10 mm；

8. 零件间间距为 5 mm；

9. 成功生产 NC；

10. 生成加工报告。

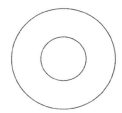 

参考答案

项目 1　激光切割 CAM 软件

判断题

1. √

2. ×

解析：cncKad 支持多种不同的机型，可以把一个零件生成不同设备的 NC 文件，供多台设备同时加工一个零件使用，被广泛应用于激光切割机辅助编程。

3. ×

解析：CAM 编程主要是将需要进行加工的工件图纸导入到编程软件中进行处理，然后通过软件将可视化的图像信息变为可被机器识别的 NC 程序代码信息。

4. √

5. ×

解析：设置板材大小及零件到板材边缘的距离在板料及夹钳这一步骤完成。

项目 2　cncKad 软件基础知识

判断题

1. √

2. ×

解析：卸载完后需要手动找到软件安装目录，把"Metalix"文件夹完全删除，此时才算彻底将软件卸载。

3. ×

解析：cncKad 模式主要是对单独或多个零件进行编辑加工后输出程序；AutoNest 模式主要是对单个或者多个零件进行编辑加工、套料排版后输出程序。

4. ×

解析：为零件轮廓自动添加切割路径、自动修改加工顺序等功能均在"CAM"菜单栏。

5. √

项目 3　切割工艺编程流程

一、判断题

1. √

2. √

3. √

4. √

5. √

二、简答题

1. 答：①打开 AutoNest 软件，点击"新建订单"，建立新订单信息；

②导入零件，设置零件的数量、材质、板厚等信息；

③对导入零件进行"图形处理"和"自动添加切割"处理；

④修改零件边界，进行零件排版前的准备；

⑤套料排版，将零件排布到板材上；

⑥将完成的排版输出为 NC 程序；

⑦在模拟器中模拟运行当前的程序，检查程序路径或顺序是否正确；

⑧将 NC 程序传输到机床；

⑨生成并查看加工报告。

2. 答：①打开 cncKad 软件，导入需要编程的零件，设置图层过滤及零件的材质、厚度等信息；

②检查零件，对未闭合轮廓、重复线进行处理。

③设置切割参数，对零件进行分层、引线、补偿、角处理等参数设置；

④自动添加切割，设置合理的切割参数；

⑤设置板料及夹钳，按实际情况进行参数设置；

⑥输出 NC 程序；

⑦模拟 NC 程序；

⑧将 NC 程序传输到机床。

项目4　CAD 零件图编辑

判断题

1. ×

解析：使用"自动添加切割—文本处理方式"处理汉字文本会出现乱码，所以要对文字进行打标或者切割处理就首先需要将文本变成线条。

2. √

解析：在实际生产过程中如果要对文字进行切割的话就需要对文字的线条进行桥接处理，否则加工出来的文字会残缺不全。

3. √

4. ×

解析：圆形内轮廓是由多条直线组成的圆形，需要使用实体平顺。

5. √

项目5　加工路径处理

一、判断题

1. √

2. ✓

3. ✓

4. ✗

5. ✓

二、简答题

1. 答：①打开 cncKad 软件，导入零件；

②点击输入设置；

③在输入设置的文本转换一栏中，点击"文本全部转换成 Windows 字体"。

④选中需要打标的轮廓，点击右键修改属性，颜色设置为"蓝色"，线型设置为"实线"

⑤选择"自动添加切割"功能，进入"切割工艺"界面，在"未闭合的/有色轮廓的处理方式"的"雕刻"功能一栏，将颜色设置为"蓝色"，线型设置为"实线"。

⑥点击"运行"，此时文字已变为蓝色，代表已成功将文字设置为打标工艺。

2. 答：①针对圆形内轮廓要从轮廓内部选中工件，否则内轮廓的引线会添加在零件内部破坏工件；

②针对矩形内轮廓添加切割，不论从轮廓内部还是轮廓外部选中轮廓引线都会添加在工件内，进而破坏工件。

项目 6　加工路径优化

一、填空题

1. 使用全局切割

2. 环绕切角、圆形切角、冷却

3. X 方向迂回、Y 方向迂回、X 单向、Y 单向、向外

4. 使用共边间隙

二、判断题

1. ✓

2. ✗

3. ✓

4. ✗

5. ✓

6. ✓

三、简答题

1. 答：使用 cncKad 软件为零件添加微连接有三种方式：使用"自动添加切割"功能里的"零件处理"；使用"自动添加切割"功能里的"轮廓搭接"；手动添加微连接。

2. 答：在支撑条间距为 50 mm 时。0～30 mm 范围内的内轮廓不处理，30～120 mm 范围内的内轮廓添加微连接，120 mm 以上范围的内轮廓不处理。因为一般支撑条间隙是 50 mm，小于 30 mm 轮廓的切割料会掉落，30～120 mm 轮廓的切割料可能会翻转，需要微连接进行限制，大于 120 mm 轮廓的切割料无法翻转，一般无需添加

微连接。

3. 答：①cncKad 模式下"CAM"工具栏下的"自动切割顺序"；②AutoNest 模式下"板料及夹钳"工具栏下的"零件自动排序"；③"自动添加切割"里的"切割优化"界面；④AutoNest 模式下"订单数量"里的"自动添加切割"；⑤输出"NC"程序的第三步勾选"启用切割优化"。

4. 答：在 cncKad 模式下：①点击"CAM 加工修改"；②点击"程序原点"；③在设置程序原点弹窗里勾选"用户自定义"；④点击"在零件上点击"；⑤鼠标捕捉板材的圆心后点击鼠标左键确认选择。

项目 7　拓展功能

一、填空题

1. OFFICE 模式

2. 机器、机床

3. 设置、材质

二、判断题

1. √

2. ×

3. √

4. √

5. ×

三、简答题

1. 答：点击"板材数据库"会出现"板材尺寸"界面，在"板材尺寸"界面设置好需要的材质，然后点击材质后方的"复制"，此时会出现一个"复制材质"的弹窗。输入新的材质的名称之后点击"确定"，此时新的材质就会被成功创建。同时，新创建的材质下的板材厚度和被复制的材质厚度一致。

2. 答：点击"切割参数"可以进入"切割加工工艺表"界面。设置好对应的材质厚度之后点击厚度后方的"新建/复制"会出现一个"复制厚度"的弹窗，勾选"同时复制几个图和常规参数"，输入需要复制的厚度后点击"确定"。此时原来厚度对应的切割参数就被复制到了新的材质厚度里。

3. 答：在 AutoNest 模式下进行自动套裁报告设置首先进入"设置"菜单栏，单击"报告设置"，此时会弹出"自动套裁报告设置"的窗口，套裁报告选择"使用自动套裁报告（DOC）/TXT 报告"，模板文件选择需要的模板，设置完成后点击"确定"。

项目 8　单个零件案例

答案：略。

项目 9　批量排版案例

答案：略。

参考文献

[1] 叶建斌，戴春祥. 先进制造技术与应用前沿：激光切割技术 [M]. 上海：上海科学技术出版社，2012.

[2] 龙丽嫦，高伟光. 激光切割与 LaserMaker 建模 [M]. 北京：人民邮电出版社，2020.

[3] 陈鹤鸣，赵新彦，汪静丽. 激光原理及应用 [M]. 4 版. 北京：电子工业出版社，2022.

[4] 王滨滨. 切割技术 [M]. 北京：机械工业出版社，2019.

[5] 陈鹤鸣. 激光原理与技术 [M]. 北京：电子工业出版社，2017.

[6] 陈家碧，彭润玲. 激光原理与技术 [M]. 北京：电子工业出版社，2013.

[7] 周炳琨，陈倜嵘. 激光原理 [M]. 北京：国防工业出版社，2009.

[8] 唐霞辉. 激光加工技术的应用现状及发展趋势 [J]. 金属加工（热加工），2015（04）：16-19.

[9] 唐元冀. 激光切割在工业上应用的现状 [J]. 激光与光电子学进展，2002（01）：53-56.

[10] 阎启，刘丰. 工艺参数对激光切割工艺质量的影响 [J]. 应用激光，2006（03）：151-153.